上海大学出版社

2005年上海大学博士学位论文 20

U0358923

金属循环过程中渣化法分离铁与铜锡等元素技术的基础研究

- 作 者：李长荣

- 专 业：钢铁冶金

- 导 师：蒋国昌　洪　新

2005 年上海大学博士学位论文　20

金属循环过程中渣化法分离铁与铜锡等元素技术的基础研究

作　　者：李长荣

专　　业：钢铁冶金

导　　师：蒋国昌　洪　新

上海大学出版社

·上海·

Shanghai University Doctoral
Dissertation (2005)

Foundational Study on Separating Technique of Copper, Tin and Other Elements from Iron by Slagging Method in Metal Recycling

Candidate: Li Changrong
Major: ferrous metallurgy
Supervisor: Prof. Jiang Guochang   Prof. Hong Xin

Shanghai University Press
· **Shanghai** ·

上 海 大 学

　　本论文经答辩委员会全体委员审查,确认符合上海大学博士学位论文质量要求.

答辩委员会名单:

主任: 李大经　教授,上海应用技术学院　　　　200235

委员: 周渝生　教授级高工,上海宝钢集团　　　201900

　　　齐渊洪　教授级高工,北京钢铁研究总院　100081

　　　毛协民　教授,上海大学　　　　　　　　200072

　　　徐建伦　教授,上海大学　　　　　　　　200072

导师: 蒋国昌　教授,上海大学　　　　　　　　200072

　　　洪　新　教授,上海大学　　　　　　　　200072

评阅人名单：

蒋开喜	教授级高工，北京矿冶研究总院	100044
齐渊洪	教授级高工，北京钢铁研究总院	100081
姜周华	教授，东北大学	110004

评议人名单：

吴 铿	教授，北京科技大学	100083
谢蕴国	教授，昆明理工大学	650093
方 圆	教授级高工，上海宝钢集团	201900
石洪志	教授级高工，上海宝钢集团	201900
吴晓春	教授，上海大学	200072
徐建伦	教授，上海大学	200072

答辩委员会对论文的评语

　　博士研究生李长荣提交的学位论文中详尽地评述了国内外在废钢残存元素分离方面已经开展的研究工作,把握该领域的研究动态和发展趋势,所提出的渣化法分离铁与铜锡等元素技术的研究课题具有重大的学术价值和良好的应用前景,对研究更为有效的金属循环利用技术具有开创性的意义.该论文研究主要有以下几个方面的创新和成果:

　　(1) 在实验室条件下,首次针对渣化法的熔渣体系研究了铜、锡在高 FeO 熔渣中的氧化溶解特性,验证了它们在熔渣中的存在形式,计算了它们的活度系数等数据并获得了有工艺参考价值的研究结论;

　　(2) 在高温条件下研究了铜、锡元素在富 FeO 熔渣与金属溶液之间的分配规律.指出了渣化法分离铁与铜、锡等元素技术的熔渣体系选择的基本原则;并在实验室条件下成功地实现了铁与铜、锡、砷、锑、铋等元素87%以上的高分离效率,有效地将多种有价元素同时富集于钢水残液中;

　　(3) 对实验中获得的熔渣进行的显微观察和微区成分分析对熔渣的后续处理具有重要工艺参考价值.

　　全文立论正确、内容充实、结构严谨、文笔流畅、论文撰写规范,文中所涉及的实验方法和测试技术可行、得出的数据翔实可信、结论合理正确.论文答辩过程中,论点清晰、叙述清楚、逻辑性强,回答问题正确.综上所述,可以看出作者具有扎实的基础理论知识、良好的科研素养和较强的科研创新能力,他的论文和答辩已达到博士学位要求.

答辩委员会由 5 人组成,经投票表决,以全票通过李长荣的博士学位论文答辩,建议授予其博士学位,并推荐为优秀博士论文.

答辩委员会表决结果

经答辩委员会表决,全票同意通过李长荣同学的博士学位论文答辩,建议授予工学博士学位.

答辩委员会主席:李大经

2004 年 11 月 30 日

摘　　要

尽管不断有各种各样的新材料问世,工程材料也日趋多元化,但钢铁材料仍是现代人类社会最广泛使用的材料.在目前使用的金属材料当中,钢铁所占的比例在 90% 以上.随着地球矿产资源的迅速枯竭,废钢必将成为钢铁生产的主要原料来源.因此,逐步建立以废钢铁为原料基础的钢铁冶金体系,是社会可持续发展的重要组成部分,是建立循环型经济社会的必然要求.

本文论述了废钢循环在整个循环经济活动中的重要性及其在钢铁材料可持续发展中的关键作用,首次明确地指出了采用稀释法利用回收废钢方法的负面效应,这种利用方式还是停留在线性经济的思维定式里.此类仅以成本最低为原则的利用模式已经不符合循环经济的发展要求.

理论研究和生产实践都表明:钢材的纯净度对其性能和使用寿命都具有很大的影响.在金属循环过程中维护和保持金属基体的纯净性是至关重要的,未来废钢价值的大小将主要取决于废钢中有害残存元素的含量.

本文对渣化法分离黑色金属与有色金属元素技术的基本原理进行了论述和分析.对废钢中最为常见的有害残存元素铜、锡在富 FeO 熔渣中的氧化溶解行为进行了研究.在 1 873 K

温度条件下,与金属铜溶液平衡的纯氧化铁熔渣中含铜量为
2.04%,熔渣中的铜含量随着渣中 CaO 含量的增加而逐渐减
小.根据实验结果计算出 $\gamma CuO_{0.5}$,并得出 $\gamma CuO_{0.5}$ 与熔渣中
CaO 含量之间的关系:

$$\gamma CuO_{0.5} = 3.95 - 2.31\exp(-(CaO\%)/16.63).$$

在 1 873 K 温度条件下,与金属锡溶液平衡的纯氧化铁熔
渣中含锡量为 8.07%.锡的氧化溶解随着熔渣中 CaO 含量的
增加仅略有下降,说明 CaO 含量对锡的氧化溶解的影响小于其
对铜氧化溶解的影响.相比之下,锡的氧化溶解更容易受到氧
分压的影响.得出的 γSnO 与熔渣中 CaO 含量之间的关系为:

$$\gamma SnO = 1.37 - 0.021(CaO\%).$$

采用化学平衡法对铜、锡元素在富 FeO 熔渣与金属液之间
的分配规律进行了研究.研究结果表明:在 1 823~1 923 K 的
温度范围内,得出的(Cu%)与温度之间的关系为:

$$当 [Cu] = 10\% 时,(Cu\%) = -1.18 + 8 - 10^{-4}T;$$

$$当 [Cu] = 1.96\% 时,(Cu\%) = -0.75 + 5 \times 10^{-4}T.$$

而在[Sn]=0.71%时,温度对锡在渣金间分配的影响甚
微.铜在渣金间的分配比随着温度的升高而升高,但温度对低
浓度下的分配比影响更大一些,在高浓度时其影响变小,分配
比的增势明显变缓.

根据渣金间的化学平衡研究了铜在富 FeO 熔渣与金属溶

液之间的分配比,当[Cu]<20%时,得出了熔渣中(CuO₀.₅%)与[Cu%]之间的关系为:

$$(CuO_{0.5}\%) = \{0.069\,22\exp(-0.105\,5[Cu\%]) + 0.021\,6\}[Cu\%].$$

对于[Cu]>20%时,用下式表示则更为简单:

$$(Cu\%) = 0.019\,24[Cu\%] + 0.118\,04.$$

L_{Cu}与铜浓度之间的关系为:

$$L_{Cu} = 0.09\exp(-[Cu]/2.302\,41) +$$

$$0.112\,8\exp(-[Cu]/43.300) + 0.018\,88.$$

富 FeO 熔渣的成分对铜在渣金间的分配比有重要影响,适量的 CaO 有利于降低铜在熔渣中的溶解.在 Fe-Cu 溶液中同样铜含量的情况下,随着熔渣中氧化钙含量的增加,熔渣中 Cu 含量降低.CaO 的影响在 Fe-Cu 溶液中铜含量较低时相对较小,随着溶液中铜含量的升高,其影响逐渐变大,在纯铜溶液时为最大.在本研究条件下,熔渣中 SiO₂ 含量的增加,会使熔渣中铜的氧化溶解增大.

在实验室感应炉冶炼的条件下,对废钢溶液进行了渣化实验研究.研究表明:感应炉内的渣金反应没有达到平衡,实测值与计算的平衡值有一定差距.吹氧方式的不同对熔渣中的铜、锡含量是有影响的,同样的 Cu 含量条件下,深吹氧方式获得的富 FeO 熔渣中铜含量约比表面吹氧方式获得的熔渣高约 30%.

渣化实验实现了多种有色金属 Cu、Sn、As、Sb、Bi 等元素在

废钢溶液中的同时富集,并获得了可以满足炼铁生产要求的富
FeO 熔渣.铁、铜的元素分离效率为 87%,铁、锡的元素分离效
率达到 94%,其他元素的分离效率也在 90%以上.

关键词 废钢循环,残余元素,渣化法,富 FeO 熔渣,元
素分离,金属残液

Abstract

Iron and steel is still the most widely used material in modern human-being society, although various engineering materials have been continuously developing and become diversified day by day. Up to date steel products account for more than 90% in all metal materials that have been consumed. With the rapid depletion of the ore resource in the earth, scrap must become the main source of raw materials in steel making. With this reason it is necessary to establish step by step the iron and steel production system based on scrap. This is also an inevitable requirement and an important and indispensable part of foundations for a sustainable society.

The importance of scrap steel recycling in whole circular economy and its key role in iron and steel production were discussed and reviewed in this dissertation. The author definitely pointed out unprecedented the negative respect of present way to recycle scrap with dilution method, which belong to still the linear economy ideas. This kind of style based on the only principle of lowest-cost can never meet the requirement of circular economy.

It was approved both by the theory and by practice that the quality of steel and its service life were greatly affected by the purity of steel. Steel production would have qualitative change when the content of impurity in steel reduced to certain level. To maintain and keep the purity of matrix materials is critical important in the metal recycling. The value of scrap steel will be mainly decided by the content of harmful residual elements within scrap in the near future.

The basic principle of the slagging method to separate ferrous and non-ferrous elements technology was discussed and analyzed. The dissolve behavior of copper and tin in FeO-rich slag was investigated. The copper content in the pure FeO slag was 2.04% as the slag was equilibrium with metal copper under the temperature of 1 873 K. The copper content in slag went down gradually with the increase of CaO content in the slag. Activity coefficient $\gamma CuO_{0.5}$ was calculated based on the results of experiments. The relationship between $\gamma CuO_{0.5}$ and CaO content in slag was deduced by fitting the experimental curve:

$$\gamma CuO_{0.5} = 3.95 - 2.31exp(-(CaO\%)/16.63).$$

The tin content in the pure FeO slag reached 8.07% as the slag is equilibrium with metal tin under the temperature of 1 873 K. The tin content in slag went down slightly with the increase of CaO content. The dissolve of tin in slag tended to be more affectively by oxygen partial pressure. The relationship between γSnO and CaO content in slag was deduced by fitting the experimental curve:

$$\gamma SnO = 1.37 - 0.021(CaO\%).$$

The distribution behavior of copper and tin between

FeO-rich slag and metal were studied with the chemical equilibrium method. The results indicated that within the temperature range of 1 823~1 923 K, the relationship between temperature and (Cu%) was expressed as follows:

$$(Cu\%) = -1.18 + 8 \times 10^{-4}\, T, \text{ while } [Cu] = 10\%;$$

$$(Cu\%) = -0.75 + 5 \times 10^{-4}\, T, \text{ while } [Cu] = 1.96\%.$$

The influence of temperature to the distribution of tin between the slag and metal was quite slight while $[Sn] = 0.71\%$. The distribution ratio of copper between slag and metal went up with the raise of temperature. But its influence to the distribution ratio at low copper concentrate was more obvious than at higher copper concentrate. And the increment of increase became plainness as [Cu] content was higher.

The distribution ratio of copper between FeO-rich slag and metal was investigated in terms of chemical equilibrium. The relationship between (CuO$_{0.5}$%) and [Cu%], as [Cu%] is less than 20%, showed:

$$(CuO_{0.5}\%) = \{0.069\ 22\exp(-0.105\ 5[Cu\%]) + 0.021\ 6\}[Cu\%].$$

And as [Cu%] is more than 20%, the expression as follow is more simplification:

$$(Cu\%) = 0.019\ 24[Cu\%] + 0.118\ 04.$$

The relationship of L_{Cu} and [Cu] content was:

$$L_{Cu} = 0.09\exp(-[Cu]/2.302\ 41) +$$

$$0.112\,8\exp(-[Cu]/43.300)+0.018\,88.$$

The composition of the FeO-rich slag influences greatly on the distribution ratio of copper between slag and metal. And proper CaO content in slag may reduce the dissolve of copper in the slag. With the increase of CaO content in slag, the copper content in slag will decrease when the copper content in metal is the same. The influence of CaO content was relatively smaller while [Cu] content was lower and it became greater with the [Cu] content increasing, it reached the maximum as the solution was metal copper. The increment of SiO_2 content in the slag made the copper dissolve to be larger under the given experiment conditions.

Under the condition of an induction furnace, the slagging experiments of scrap steel molten were carried out. The results showed that the difference of oxygen blowing had some influence on copper and tin content in the slag. The copper content in the FeO-rich slag gained by the measure of the under-surface oxygen blowing is 30% more than that gained by the top-surface oxygen blowing at the same [Cu] content.

The investigations showed that the reactions between slag and metal did not reach the equilibrium status. There was difference between the measured value and the calculated equilibrium value. The distribution ratio of copper between slag and metal was able to be reduced by properly adding CaO into slag.

The simultaneous enrichment of various elements, such

as Cu，Sn，As，Sb，Bi ，in the metal residual liquid was carried out by slagging the scrap steel molten，which FeO-rich slag could be satisfy the requirement of ironmaking process. The separating efficiency of iron and copper element was 87%，the separating efficiency of iron and tin element was 94%，and separating efficiency of other elements was also over than 90%.

Key words scrap recycle，residual elements，slagging method，FeO-rich slag，elements separate technology，metal residual liquid

目　　录

第一章　绪　　论

1.1　循环经济与金属循环

1.1.1　循环经济的本质特征

循环经济(circular economy)一词是对物质闭环流动型(closing material cycle)经济的简称.传统经济,或称为线性经济,是一种单方向的从生产到产品再到排放的开放式经济,线性经济是通过加重地球生态系统的负荷来实现经济增长的.因此,从根本上讲,当前面临的全球性危机,如人口膨胀、资源衰竭、生态失衡、环境退化等,正是这种线性经济发展模式负面效应的累积性爆发[1].

近年来,循环经济的概念在德国、日本等资源短缺国家首先形成[1-2],在实施可持续发展的过程中已经得到各国政府的高度重视.循环经济也可称为资源循环经济或循环经济社会[3],其本质是将现行的"资源——产品——废物排放"的开环式经济流程转化为"资源——产品——再资源化"的闭环式经济流程,建立一种以物质闭环流动为特征的经济.它要求在经济发展过程中实现资源的减量化、产品的反复使用和废弃物的资源化.循环经济的发展有利于引导社会从现行退化型的经济增长方式转向环境无害化、资源化的经济发展模式.人类社会的未来应该是在资源环境不退化甚至得到改善的情况下促进经济增长,从而实现可持续发展,也即要求实现环境与经济双赢的战略目标.

线性经济与循环经济的根本区别在于:前者内部是一些相互不发生关系的线性物质流的叠加,由此造成出入系统的物质流远远大于内部相互交流的物质流,造成经济活动的"高开采、低利用、高排放"特征;而后者则要求系统内部以互联的方式进行物质交换,以最大限度利用进入系统的物质和能量,从而能够形成"低开采、高利用、低排放"的结果.一个理想的循环经济系统通常包括 4 类主要行为者:资源开采者、处理者(制造商)、消费者和废物处理者(回收商).由于存在反馈式、网络状的相互联系,系统内不同行为者之间的物质流远远大于出入系统的物质流.

过去人们认为自然资源是取之不尽、用之不竭的,它消化废物的能力也是无限的.因此,把自然界当作是索取资源的仓库和倾倒废物的垃圾桶.现代生产过程所产生的有害废弃物,污染了水体、土壤、空气;现代生产发展所造成的森林植被的破坏,形成了水土流失、河流泛滥成灾、农牧渔业自然生产力的衰退等.当资源衰竭时,人们就不得不从更加恶化的和更难得到的储备中去获取原材料和能源.为此,就需要更多的资本和资源.人类不断扩展对自然资源利用的领域,从土地延伸到整个生物圈,延伸到外层空间.自然资源在社会生产过程中的消耗速度,已经远远超过了自然的再生产速度.掠夺性的资源利用方式把人类推向了全面危机的边缘,迫使人类寻求解决资源与财富、环境与发展相互协调的新途径.

(1) 循环经济下制造业应遵循的原则[4-5]

在循环经济环境下,制造业应遵循"减量化、再利用、再循环"的 3R 原则.

·减量化原则(Reduce):要求用较少的原料和能源,特别是控制使用有害环境的资源投入来达到既定的目的或消费目的,从而在经济活动的源头就注意节约资源和减少污染;

·再利用原则(Reuse):要求制造产品和包装容器能够以初始的形式被多次使用和反复使用,而不是用过一次就废弃;

·再循环原则(Recycle):要求生产出来的物品在完成其使用功能后,能够重新变成可再利用的资源,而不是不可恢复的垃圾.再循环有两种情况,一种是原级再循环,即废品被循环用来产生同种类型的新产品.例如,纸张再生纸张,塑料再生塑料等等;另一种是次级再循环,即将废物资源化成为其他类型的产品原料.原级再循环在减少原料消耗上面达到的效率比次级再循环高得多,是循环经济追求的理想境界.

3R(减量化、再利用、再循环)原则在循环经济中的重要性是互相联系、不能割开的.

(2) 循环经济的技术载体和产业载体

如果说,当代知识经济的主要技术载体是以信息技术和生物技术为主导的高新技术,那么循环经济的技术载体就是环境无害化技术或环境优化技术.环境无害化技术主要包括预防污染的减废或无废的工艺技术和产品技术,但同时也包括治理污染的末端技术[6].主要类型有如下.

• 污染治理技术:即传统意义上的环境工程技术,其特点是不改变生产系统或工艺程序,只是在生产过程的末端通过净化废弃物实现污染控制;

• 废物利用技术:即废弃物再利用的技术,这是循环经济的重要技术载体;

• 清洁生产技术:这是环境无害化技术体系中的核心.清洁生产技术包括清洁的生产和清洁的产品两方面的内容[7],即不仅要实现生产过程的无污染或少污染,而且生产出来的产品在使用和最终报废处理过程中也不会对环境造成损害(如对损害臭氧层的氟利昂物质的替代).有人做过这样的估算,若以我国现在的工业生产规模,物耗降低 1%,则可增加净产值 30 亿元左右.如果实行洁净生产,使我国工业生产的物耗达到或接近发达国家的水平,就可增加净产值近 1 000 亿元.清洁生产的思想,不但含有技术上的可行性,还包括经济上的可盈利性,是一种将经济效益和环境效益有机结合的最优生产方式,充分体现了发展循环经济在环境与发展问题上的双重意义.

1.1.2 金属循环中的废钢循环

自然资源是国民经济发展不可缺少的基础,也是社会财富的来源. 自第一次工业革命以来,人类通过对自然资源的开发利用,创造了前所未有的经济繁荣.

　　坚持经济、社会和生态环境的协调发展,实现资源、能源、人口、生态环境和经济的良性循环,是当今世界各国已经达成的共识. 人类社会实现可持续发展的必然选择是走向循环经济. 早在 1972 年,当发达国家还处于高增长、高消费的"黄金时期",由一些政治家、经济学家、科学家和教育家组成的"罗马俱乐部"就出版了《增长的极限》一书,指出有 5 个因数将影响未来世界的发展,即人口增长、粮食生产、资本投资、环境污染和资源枯竭. 较早地指出了自然界的资源存量是有限的,它不能满足人类无止境的需求.

　　例如,在矿产资源方面,截止到 20 世纪 90 年代初,全世界发现的矿产近 200 种. 根据对 154 个国家主要矿产资源的探测,在对 43 种重要非能源矿产的资源统计中,静态储量在 50 年内枯竭的有 16 种,如锰、铜、铅、锌、锡、汞、钒、金、银、硫、金刚石、石棉、石墨、石膏、重晶石、滑石等,预计到 2070 年全球将会出现金属资源的枯竭. 引起资源枯竭的原因,除大量开采、无限度使用外,资源的回收利用率低是另外一个重要的原因. 从地球化学的观点来看,人类大量使用的金属,如铁、铜、铝、镍、铬、钨、钼、钒、钛、金、银、汞等等,都属于枯竭性矿物资源,要想大量获取,就不得不采用低品位矿石. 这从经济的和环境保护的观点来看,都是十分不利的. 因此,为了人类的可持续发展,人类不得不改变以往的生产和生活方式,在减少废弃物排放的同时,还要减少对矿石等原生资源的依赖性,将产品和材料的生产逐步转移到利用再生循环材料的基础上.

　　1988 年在"国家中长期科技发展纲要"中对再生资源作过如下的定义[4],所谓再生资源是指:在社会的生产、流通、消费过程中产生的不再具有原使用价值而以各种形态赋存,但可以通过不同的加工途径而使其重新获得使用价值的各种物料的总称. 根据再生资源理论,废金属应是原生金属在社会生产和社会消费中所遗留的(或"排泄"的、"废弃"的),而又具有使用价值和残存价值的"排泄物". 各种"废料"的价值和使用价值是客观存在的,使用价值是价值的载体. 根据物质不灭定律,人们对各种物质形态的可用性的认识,是随着实践和科技水平的发展而不断变化的.

再生资源的使用价值有时甚至超过原生资源,这是由再生资源形成过程中的特殊性决定的. 例如,金属资源在形成过程中,由于矿物资源的开采、冶炼消耗了大量的能量,废金属就由于其本身内部集聚的内能而减少了其在再生过程中所要消耗的能量. 比如,废钢作为一种"载能资源"重熔炼钢,就省却了铁水炼钢时炼铁的能量消耗,因而表现出比矿石具有更高的使用价值.

金属循环资源在所有的再生资源中经济性最好. 除了废金属本身的载能外,还有资源相对集中、便于回收的优点. 由于废金属的可重塑性、可重熔性,使得废金属的再生与利用途径简洁,技术先进,规模效益明显,重新投入的劳动价值相对较少. 与其他再生资源相比,金属循环资源的生成量巨大,对环境污染减轻的程度、能源的节约、经济效益的提高、建设资金投入的降低、国民经济发展的影响程度等都具有明显的优势.

尽管不断有各种各样的新材料问世,工程材料也日趋多元化,但钢铁材料仍是人类社会文明所最广泛使用的材料. 在目前使用的金属材料当中,钢铁所占的比例在 90% 以上,而钢铁中又以普通钢材的用量最大,约占整个钢材生产总量的 80%~90%. 随着矿产资源的逐渐枯竭,废钢就必将成为钢铁生产的主要原料来源. 因此,逐步建立以废钢铁为原料基础的钢铁冶金体系,是社会可持续发展的重要组成部分[8].

废钢的产生取决于金属的积蓄量,工业化国家 200 年的工业发展历史,消费了大量钢铁,同时也在国内积蓄了大量废钢铁. 特别是世界几个产钢大国,又是废钢生产大国. 美国积蓄金属量约占全世界的 29%[9],依次是前苏联、日本、欧洲. 自有钢铁工业以来,世界钢铁的积蓄量已超过 150×10^8 t,全球每年产生的各类废钢将达 8.5×10^8 t 以上,其中可回收利用的估计占 55% 左右. 如何利用废钢,解决由此造成的占地和环境问题,已列入发达国家的议事日程. 近 20 年来,中国钢铁工业有了跨越式的增长,已进入钢铁生产大国的行列,也是钢铁消费大国. 废钢积蓄量明显增加,据估计已达 14×10^8 t.

现在世界各主要产钢国都致力于减少生铁的用量,加强金属资源循环利用工程(Metal Recycling Engineering)的开拓和发展,以实现人类社会的可持续发展.

一般而言,由废旧回收物资生产出的再生材料,由于混入较多的杂质,其性能通常低于由矿石等原生资源生产出来的新材料. 由再生材料生产出来的产品,其性能也会低于由新材料制成的产品. 因此,研究材料在再生循环过程中的性能演变机理及其影响因数,开发去除材料中有害杂质,或使之无害化的技术,就是摆在材料科学工作者面前的重要任务.

废钢是钢铁生产的重要原材料,废钢的循环使用为人类提供了不竭的物质材料,是循环型经济社会的重要组成部分.

1.2 废钢循环在钢铁生产中的作用和意义

1.2.1 废钢是钢铁生产的重要含铁原材料

现代炼钢生产技术主要有转炉法、电炉法和平炉法,各种炼钢方法的特征可以简单地归纳为表 1.1 所示内容.

表 1.1 各种炼钢方法的特征

炼钢法	转 炉	电 炉	平 炉
原料	主要是铁水,少量废钢	主要是废钢,少量生铁	铁水、废钢各半
热源	C、Si、Mn 等的氧化热	电能	燃料(重油、煤气)
氧化剂	纯氧、空气	铁矿石、氧气	铁矿石、氧气

续 表

炼钢法	转 炉	电 炉	平 炉
造渣剂	$CaCO_3$、CaO	$CaCO_3$、CaO、硅砂	$CaCO_3$、CaO 等
特征	炼钢时间短,废钢使用量较少	热效率高,钢的 P、S 低,化学成分易于调整	原料范围广、钢水质量优,冶炼时间长
用途	普通钢、低合金钢	合金钢、普通钢	普通钢、低合金钢

近代炼钢技术的开端是 1856 年的亨利贝塞麦(Henry Bessemer)发明的贝塞麦转炉,其后在 19 世纪后半期,平炉、托马斯转炉、电炉相继发明出来. 这些炼钢方法,经过了各种各样的改良,一直到现在. 其中,使用原料范围广、可以高效生产的高质量钢的平炉法,在其发明后的 100 年间,生产了世界上钢产量的 80%,曾经占据着炼钢生产的主导地位.

第二次世界大战以后,氧气生产技术的进步使得大量廉价地生产工业用纯氧成为可能. 1952 年在奥地利的林茨(Linz)和德纳维兹(Donawitz)工厂,尝试在转炉上使用纯氧,获得了显著成功,以后将该炼钢法称为 LD 法,并引起了全世界的广泛关注. LD 氧气顶吹转炉法是由炉顶部喷吹纯净氧气的炼钢方法,一炉钢的冶炼可以在 20~30 min 的时间内快速完成. 与其他方法相比,有以下优点:(1) 冶炼时间短,生产效率高;(2) N、P、S、O 等有害成分低,钢的质量优良,可以适应多种用途钢的冶炼;(3) 操作费用和建设费用较低. 该法从 20 世纪 50 年代起迅速发展,至 20 世纪末期,很快成为现代炼钢生产的主导方法.

随着世界范围内钢铁蓄积量的不断增加,以废钢为主要生产原料的电炉炼钢技术发展迅速,并且很快地建立起了短流程钢铁生产工艺,在全部钢铁生产量中的比例不断上升. 现在世界范围内电炉钢产量已经占全部钢产量的 35% 以上,美国等发达国家已经超过 50%.

由此可见,无论采用什么方法,废钢都是钢铁生产的重要含铁原材料.

1.2.2 废钢循环利用对资源和能源的节约作用

提高废钢的利用比率,减少生铁用量,即降低钢铁生产的铁钢比具有巨大的节约资源和能源的作用.废钢本身是一种载能资源,废钢的利用意味着能源的节约,资料表明[10]:每回收利用 1 t 废钢铁可减少能耗 0.89 t 标煤,节省运力 6 t 和工业用水 7.5 t(按水循环使用率 80％计);另一方面,可以节约吨钢生产的投资费用,按采矿——高炉——转炉——钢材工艺流程,吨钢生产能力的建设费用需投资 260 美元,而按回收废钢——电炉——钢材工艺流程,则只需 85 美元,可节省投资 40％～67％,而且建设工期大为缩短,投产快,投资回报也快.

此外,废钢的回收利用还意味着可以节约大量的运输量.运输业是经济发展的重要环节,也是耗能高、投资大的行业.钢铁工业需要很大的运输量,从矿石、煤炭输入算起,中间产品和大型工具运输,直到成品材输出,吨钢综合运量需 15.8 t.以我国的情况为例,钢铁工业所需的路局运量占我国铁路总运量的 18％～20％,是国家铁路运输的大户,如果钢铁行业减少运量,就可大大减少社会总能耗.钢铁工业运量中炼铁及其以前部分的运量占 70％,所以降低铁钢比,就能显著降低吨钢综合运量.因此,降低铁钢比,对促进国民经济整体均衡发展和全社会的节能是大有益处的.

回收利用废钢对资源的节约作用更是显而易见的,近 200 年的大规模生产使得世界范围内的富矿资源消耗殆尽,人们不得不进行更大规模的对低品位矿石的开采.我国的资源状况更为严峻,绝对需求量大的铁矿、铜矿、锰矿、铬矿等矿产资源保有储量不足,缺口较大.例如,我国铁矿保有储量约 500×10^8 t,其中能够直接入炉的含铁品位 55％以上的富矿只占 3.1％,96％以上均为贫矿,平均品位只有 32％,比世界铁矿石品位低 10％.绝大多数铁矿石必须经过选矿才能进行冶炼,因而开发投资大,生产成本高.因此,加大回收利用废钢的力度,节约铁矿资源对我国的钢铁生产更具有现实意义.

1.2.3 废钢循环利用的环境保护作用

废钢循环利用的环境保护作用是多方面的,首先是废钢循环利用可以减少污染. 钢铁工业排放的烟尘是对大气的一个重要污染源,钢铁厂排放的 CO_2,就占各种矿物燃烧排放 CO_2 总量的 12.5%,回收每吨废钢可减少二氧化碳排放量 62%,炉渣排放量 600~800 kg,有的学者称:利用废钢为原料的短流程比矿石——炼铁流程的空气污染减少 86%[11].

钢铁工业还产生其他烟气和大量的尾矿、矿渣、铁渣、钢渣及化学污染的污水,其中大部分产生于选矿、焦化、烧结和炼铁工序. 尤其其中有些剧毒污水,如果排入江河,渗进土壤,将贻害无穷. 降低铁钢比就能大大有利于减少钢铁工厂的污染.

其次是节约矿产资源带来的环境益处,由于废钢的循环利用而减少了铁矿石的开采. 矿业生产是从地壳中开挖、提取和加工矿产资源的经济活动,在采矿生产中,不论是露天开采或地下开采都不可避免地要扰动原有土地,改变原有的地形地貌和植被,降低或破坏原有土地的生产能力. 我国铁矿以露天开采为主,剥采比多在 2~4 之间[12],因此剥离量很大,历年的排土量累计 $100×10^8$ t 以上,每年以 $5×10^8$ t 的速度增加,排土场占地一般为矿山用地的 40%~55%. 排土占用大量土地,潜伏着失稳和滑坡、泥石流的隐患,污染土地及水系. 据估计:每吨钢产生大气污染物质 0.121 t,水污染物质 0.067 5 t,废渣 0.967 t,相关采矿废物量 2.828 t. 以此为基数,按年产 $1.0×10^8$ t 钢计算,则产生大气污染物 $1 210×10^4$ t,水污染物质 $675×10^4$ t,废渣 $9 670×10^4$ t,采矿废物 $2.828×10^8$ t,可见采矿废物对环境的压力之大.

另一方面,随着世界积蓄钢量的增加,废钢量也随之增加. 自有钢铁工业以来,世界钢铁的积蓄量已超过 $150×10^8$ t,由于二次金属再生技术的滞后,还不能全部消化和利用废钢. 废钢在西方工业发达国家已成为严重的社会问题,循环废钢已逐渐不是作为炼钢的炉料而是成为废弃物,引起了社会的关注[13-17].

以日本为例[13],一年的废钢产生量为 $5\sim6\times10^7$ t. 日本的钢铁研究人员警惕地指出,仅就每年产生的 5×10^7 t 废钢而言,用现在的炼钢技术,只能生产棒、线材和型钢,但这些钢种的总需求量不足 5×10^7 t,这就意味着有过剩的废钢.

工业发达国家,处理报废汽车称之为"逆有偿"——需要付费处理报废汽车. 在日本,处理报废汽车大城市要支付 3~5 万日元、小城市约 1.5 万日元的委托金. 一部分车主用弃置街头的方法逃避费用,导致"废车满街",环境恶化,交通事故多发. 日本、德国、美国已经通过立法要求汽车制造厂、家电生产厂全部收回报废的汽车和家电制品. 在德国,废钢已不是炼钢的原料,而是废弃物. 比如曾有报道[13],德国最大的钢铁公司蒂森公司的官员将废钢输出到意大利,嫌疑人因此而被逮捕. 在日本也同样有人主张向落后国家输出劣质废钢,西方工业国家普遍感到废钢过剩,废钢问题已经严重影响社会的环境.

可见加快发展二次金属的再生技术,提高废钢的循环利用率是具有节约资源、节约能源和保护环境等方面作用的重大课题.

1.3　钢铁生产炉料结构的变化与发展趋势

1.3.1　现有的钢铁生产炉料结构

钢铁生产有两个主要的生产流程,一个是长流程,即高炉炼铁＋转炉炼钢流程,另一个是短流程,即以废钢为原料的电炉炼钢流程.

图 1.1 是世界钢铁产量与生铁产量的发展变化图[18]. 可以看出,在工业化的初期,钢材生产的炉料主要是生铁. 随着世界钢铁蓄积量的不断增加,生铁的比例逐渐下降. 特别是 20 世纪 80 年代以来,废钢作为钢铁生产原料的比例不断加大. 近年来,美国的电炉钢占钢铁总产量的比例已经接近 50%. 文献[19]对今后的钢铁生产炉料结构进行了预测,预测表明美国电炉钢的比例将接近 60%,而日本电炉钢的

比例接近 50%.

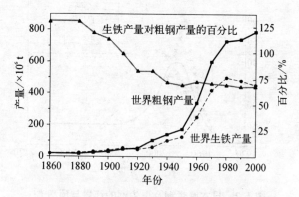

图 1.1 世界生铁和粗钢年产量的发展变化[18-19]

工业发达国家的钢铁生产炉料结构已经发生了重大变化,由过去的以生铁为主的炉料结构转变为以废钢为主的炉料结构. 由于我国处在社会主义发展的初级阶段,大规模的基础建设还没有完成,还需要大量的生铁作为钢铁生产的原料,钢铁生产的炉料结构还是以生铁为主. 但是随着废钢积蓄量的不断增加,发展循环经济的日益迫切,我国也必将走向以废钢为主要含铁原料的炉料结构.

由于金属循环过程中,总有部分金属无法完全回收利用,加之回收金属的性能不能满足人们对材料性能的需求,因此还需部分补充从矿石冶炼获得的"新"金属. 但废旧金属的比例会不断的增加. 图1.2为日本学者对日本今后的钢铁生产炉料结构所做的预测[20].

1.3.2 钢铁生产炉料结构的变化

(1) 直接还原铁等新铁料的使用

废钢是钢铁生产的重要原材料,废钢为主的钢铁生产炉料结构已经是不可避免的必然趋势[21]. 但是到目前为止,全部使用废钢冶炼的钢材还无法满足人们对钢材性能的要求,废钢在循环使用中残余元素(Cu、Ni、Mo 等)和有害元素(Pb、As、Sb、Bi、Sn 等)不断增加,使

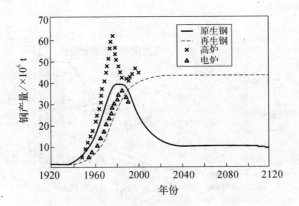

图 1.2　日本原生钢及再生钢的产量与预测[20]

废钢质量越来越难于保证,因而在冶炼优质合金钢时,人们不得不采用配加生铁或其他含铁原料的办法来生产优质钢材. 因此也出现了许多新型含铁原料,如 DRI(HBI)、FeC_3 等. 这些新铁料的应用已经是不可避免的趋势[22-30].

　　直接还原铁不仅是废钢的代用品,更主要的是生产优质钢、纯净钢不可缺少的原料,采用废钢为主要原料炼钢时,配加直接还原铁(DRI)或热压铁(HBI)是控制、稀释钢中有害元素的主要手段. 也是改善钢材质量、增加钢材品种的重要原料.

　　直接还原和熔融还原工艺生产的海绵铁和铁水产量在不断增加. 1996 年,世界直接还原铁的总产量为 33×10^6 t,到 2000 年达到 $5\,070 \times 10^4 \sim 5\,200 \times 10^4$ t. 过去直接还原铁的发展基本在第三世界,近年来,发达国家也纷纷在国外合资建厂,如美国、日本和韩国等. 目前,世界上唯一工业化的 Corex 法熔融还原炼铁新工艺[30],在全世界已投产和正在兴建中的设备达 7 座,预计到 2000 年,该工艺每年可提供纯净的非焦煤生产的铁水 5×10^6 t 左右. 在今后相当一段时期内,高炉铁水及废钢仍将是炼钢的主要原料. 在铁资源结构中,高炉铁水及废钢分别占 50% 和 40%,其余的原料则由 DRI、HBI 和熔融还原铁水补充. 表 1.2 是几种新铁料的典型化学成分.

表 1.2　几种新铁料典型化学成分表(质量比/%)

成　分	Midrex DRI	Fe₃C	生铁/铁水
总 Fe	90~94	89~94	91.0~95.7
金属 Fe	83~89	0.5~1	91.0~95.7
Fe_3C	—	88~94	—
FeO	6~14	—	—
Fe_3O_4	—	2~7	—
金属化率	88~96	—	100
SiO_2	1.5~2.5	2~3	—
Si	—	—	0.3~3.0
Al_2O_3	0.4~0.5	1.0	—
P	0.02~0.09	0.033	0.08~0.5
Mn	—	—	0.4~1.0
S	0.005~0.03	<0.01	<0.04
CaO	1.5	—	—
MgO	0.45	—	—
C	1~2.5	—	3.5~4.5
残余元素	痕量	痕量	痕量

现在发达国家的电炉炼钢工艺都采用计算机优化来计算各类废钢的配比[31],即综合考虑钢的成本、采购价格、熔化成本和回收效率,并考虑废钢中的残余元素含量,在保证成品钢材杂质水平含量合格的前提下,确定对每个钢种最低成本的配料比例.这一程序可使配料更加经济合理,从而可以使用更多的高杂质含量的便宜废钢.英国Sheffield 研究实验室还开发出了"成本最低搭配(least through cost mix)"模型,用以求出各类别原材料的最佳搭配.他们将各类废钢的成本、杂质(主要是铜)含量、废钢回收率以及处理这些杂质所需的操作费用综合加以考虑.根据不同钢种要求找出成本最低、有害残余元

素含量符合要求的合理炉料搭配,实践中取得了满意的效果.

(2) 我国钢铁生产炉料结构存在的问题

废钢铁的回收利用正成为 21 世纪最受关注的领域之一. 然而我国在废钢铁的回收利用及处理方面与世界水平还有相当大的差距. 这不仅仅是技术方面的差距,而且在理念上的差距也是很明显的.

近 20 年来,中国钢铁工业取得了快速发展. 1996 年产钢 1.0127×10^8 t,跃居世界第一产钢大国,自此连续保持世界产钢第一的地位,2003 年钢产量达 2.3×10^8 t. 尽管如此,我国仍是钢材净进口国,2000 年,进口坯、材合计达 21×10^6 t,2003 年更是高达 37×10^6 t. 由于国民经济快速增长,对钢材的需求保持旺盛的态势,使我国已成为世界钢材消费大国,进入了钢铁积蓄的膨胀期[9,21].

1994 年开始,我国开始经济软着陆,紧缩银根,钢厂支付废钢的货币能力开始下降,但由于钢产量还在不断增长,废钢需求量仍然是供不应求,所以废钢价格还是居高不下. 这迫使钢铁企业大量使用价格与废钢相仿的炼钢生铁来替代废钢铁. 废钢吨钢综合单耗不断下降,这种趋势一直持续到 1999 年. 1998~2000 年时期国际市场上废钢资源仍较充裕,于是进口量也开始增加. 国内废钢资源经过 1994~1996 年持续三年的紧张之后,终于在 1996 年开始松动,废钢价格 1997 年降到 1 032 元/t,从 1998 年开始降到 1 000 元/t 以下,基本上与国际市场价格接轨.

我国钢铁工业有一个突出的特点,就是铁钢比高. 这既是产品结构上的一个突出问题,也是致使我国钢铁工业劳动生产率低和诸多经济技术指标落后的重要原因. 新中国建国以来平均铁钢比 1.01,长期居高不下,近几年竟又升高到 1.08,与其他主要产钢国相比,我们的铁钢比之高显得很突出. 世界各主要产钢国都致力于减少生铁的用量,加强金属资源循环利用工程的开拓和发展. 20 世纪 90 年代初,美国的铁钢比是 0.553,前苏联是 0.685,英国是 0.721,日本是 0.729,法国是 0.740,德国是 0.735,意大利最低只 0.432. 我国的铁钢比是发达国家的 1.5~2 倍. 这就是说,我国对铁矿资源过度耗费的程度十分严重. 我国炼钢炉料中的回收废钢比长期徘徊在 $20\%\sim$ 22% 之间,近几年更降到 20% 以下,2000 年电炉钢产量的比例降到 10 年来的最低点 $14.5\%^{[9,32]}$. 并出现阶段性废钢和固体生铁价格的倒挂,正好与世界钢铁发展的规律相悖(国际废钢价格一般为生铁价格的 $60\%\sim80\%$,而我国却出现了废钢价格高于生铁价格的现象).

我国是不是没有足够的钢铁积蓄,从而没有足够的废钢用以支持钢铁生产呢? 根据有关资料测算$^{[33]}$,1996 年我国社会钢铁积蓄量已达 13.7×10^8 t,预计到 2000 年将达 17×10^8 t. 21 世纪末,我国国内回收钢铁资源可有近 57×10^6 t,如能大力回收将其中的 85% 用于回炉冶炼,则可支持入炉钢铁料中的回收钢比达到 40%. 预计到 2010 年,回收钢铁资源可达 7×10^7 t 以上. 可见我国的废钢资源也是有相当储量的,并不缺少废钢资源.

由于我国废钢回收处理技术的落后,铁钢比高的炉料生产结构除了会导致能源、铁矿资源和资金的大量消耗外,还会严重地污染环境,并造成纯净铁原料的大量污染,影响废钢的再次循环利用性能的提高.

1.4 一次金属生产技术的进步对金属循环利用率的影响

从当前炼钢工艺来看,作为大宗钢材的生产,主要有两种工艺路线.

一是高炉+氧气转炉工艺:主要以高炉铁水为炉料,加入部分废钢. 高炉铁水含铜量一般较低,约为 0.02% 左右. 现代氧气转炉多采用顶底复合吹炼技术,熔池沸腾强烈,钢水中含氮量较低,一般在 $20\times10^{-6}\sim40\times10^{-6}$,甚至更低. 因此,氧气转炉钢具有含铜量、含氮量都较低的优点,多用于生产汽车车体、容器、仪表和设备用热轧板材和冷轧板材.

二是电弧炉工艺:电弧炉炼钢绝大部分使用循环废钢为炉料,以废钢作为炉料的电弧炉钢,因其氮含量和铜含量较高,严重降低钢的塑性加工性能. 而降低电弧炉钢的铜含量问题比降低氮含量问题困难得多.

电炉钢的增长, 除电炉钢厂经营的简单化以外, 最根本的原因是每年有大量的废钢产生, 价格低廉, 致使原料费用降低, 电炉钢厂的经济效益得以提高. 例如, 曾经是美国钢铁业代表的国家钢铁公司 (US Steel)、阿姆柯 (Armco)、内陆 (Inland) 等公司的高炉生产经常处于不景气状态, 而伯明翰 (Birmingham)、佛罗里达 (Florida) 等一些普通电炉钢生产厂的经济效益却在提高.

由于大部分电弧炉实际上使用 100％ 的循环废钢作炉料, 到目前为止, 即使是具有世界一流水平的日本、美国钢铁技术, 用电弧炉钢生产板材, 特别是生产热轧薄板和冷轧薄板也是不可能的, 因此导致了废钢过剩. 就世界范围而言, 废钢问题已经不是一个简单的再循环问题, 而是一个严重的社会环境和卫生问题. 可见如果没有能够消化废钢的二次金属再生技术的进步, 要想提高金属的循环利用率是不可能的.

我们要引导当代人关心后代的利益和选择的权利, 而不是将今日的发展建立在剥夺后代生存发展机会的基础之上. 珍惜不可再生资源的开采, 改粗放型的生产方式为效益型的生产方式, 这也是为后代储备了资源. 人们在追求材料的先进性和舒适性的同时, 必须使之与自然环境相互协调, 达到最佳的平衡状态[34]. 为了使材料的开发与环境相协调, 走可持续发展的道路, 这就要求在材料的制造、使用直至废弃整个生命周期, 都必须最大限度地减少对资源的消耗及环境的污染等环境负担, 最大限度地增加材料的循环再生利用.

然而, 二次资源的回收利用也取决于其成本、质量和价格. 人类使用材料的历史表明: 在过去的几个世纪里, 材料生产新技术的发明和使用使得一次材料的价格降低抵消了因资源枯竭而导致的材料价格的增长[35]. 特别是在最近的几十年里, 一次材料的价格在不断地下降, 尽管政府的环境保护政策使得生产厂家的环境成本不断地增加.

二次资源的价格受到许多因素的制约. 易于收集、识别和质量高的废旧金属,其回收利用的成本较低. 相反,有些废弃金属由于分布范围广、难于收集,并且质量很差而使其回收利用的代价偏高,这样的废弃金属就会很少被回收利用. 在这两种极端状况中间,人们发现大量的经济上可回收利用的废弃金属价格处于常规的金属价格范围之内.同时二次资源的价值也将受到一次资源价格因素的影响.

20 世纪 70 年代以来,由于能源危机和人们环境意识的提高,一次资源的生产成本和环境负荷不断地下降.以美国的钢铁工业为例[36],在能源利用效率、劳动生产率、污染物控制等方面均取得了巨大改善. 与 20 年前的钢铁工业相比有以下变化:(1) 每年 CO_2 排放量减少了 15×10^6 t,下降了 28% 多;(2) SO_x 排放量减少了 19.8×10^4 t,下降了近 95%;(3) 固体废弃物减少了约 29×10^6 t,下降约 84%;(4) 综合钢厂的吨钢劳动力需求由过去的 6~12 人降为 3~4 人,而微型钢厂现在的吨钢劳动力需求仅为 0.5~1.5 人;(5) 吨钢能耗的下降超过了 40%.大量新技术、新工艺的采用使得一次资源的价格不仅没有上升,反而一直处于下降的趋势,现在钢铁价格处于历史上最低的时期. 其他人类大量使用的材料如铝、铜、陶瓷、塑料及各种新材料等均有类似的发展趋势.

图 1.3 为采用铁水为原料生产钢铁的吨钢能源消耗变化图[37],

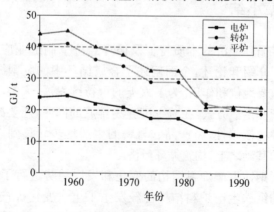

图 1.3　1954～1994 年英国吨钢能源消耗的变化[37]

也即是一次金属的能源消耗.

可见随着生产技术的进步,钢铁生产的能耗会不断降低,未来的钢铁价格还会有所降低. 实际上,随着科学技术的进步,社会生产力水平的提高,单位材料制备的资本和劳动投入都呈现出下降趋势,也即单位材料制备的成本是不断下降的. 在人们能够大量获得性能优异而又廉价的一次金属的情况下,二次资源的回收利用将面临巨大的挑战,二次金属的回收利用率将会受到影响. 也就是说一次金属生产技术与二次金属生产技术之间是存在竞争的,目前金属循环率大大低于其应该达到的目标,其主要原因之一是缺少更为有效的再生技术[38-39]. 因此,二次再生金属技术必须与一次金属生产技术同步或者更快地降低生产成本,不断地开发新技术,以此来扩大他们在金属产品市场的占有份额.

在构筑循环型经济社会已经取得世界范围内共识的前提下,保护环境、节约资源已经成为人们的自觉行为,但是现有的二次金属再生技术已远远不能满足人们对循环金属性能的要求,必须构建新的钢铁材料循环途径,改进和提高二次循环金属的生产技术,才能够生产出满足各种工程需要的优质钢材,有效提高金属循环利用率.

1.5 本章小结

本章对循环经济的本质特征及循环经济下制造业应遵循的 3R 原则进行了介绍和论述,全面阐述了金属循环中的废钢循环在国民经济中的重要地位和作用. 为了人类的可持续发展,人类不得不改变以往的生产和生活方式,在减少废弃物排放的同时,还要减少对矿石等原生资源的依赖性,将产品和材料的生产逐步转移到以利用再生循环材料的基础之上,构筑循环经济.

本章对钢铁生产炉料结构的变化和发展趋势进行了阐述,工业发达国家的钢铁生产炉料结构已经发生了重大变化,由过去的以生铁为主的炉料结构转变为以废钢为主的炉料结构. 由于我国处在社会主义发展的初级阶段,钢铁生产的炉料结构还是以生铁为主. 但是随着废钢积蓄量的不断增加,发展循环经济的日益迫切,我国也必将走向以废钢为主要含铁原料的炉料结构.

本章指出了我国目前钢铁生产炉料结构存在的问题,钢铁生产中铁钢比过高的炉料结构除了会导致能源、铁矿资源和资金的大量消耗外,还会严重地污染环境,并造成纯净铁原料的大量污染,影响废钢的再次循环利用. 尽快提高废钢处理技术,降低钢铁生产的铁钢比是我国钢铁生产面临的紧迫任务,是构筑循环经济的必然要求.

本章论述了一次金属生产技术与二次金属再生技术之间的辩证关系,现有的二次金属再生技术已远远不能满足人们对循环金属性能的要求. 必须使二次循环金属的生产技术与一次金属生产技术同步发展,并不断地降低生产成本,才能有效地提高金属循环利用率,并以此扩大它们在金属产品市场中所占有的份额.

第二章 钢铁生产对废钢的质量要求

2.1 钢铁生产对废钢的质量要求

2.1.1 钢铁生产对废钢的一般要求

根据中华人民共和国国家标准 GB/T 4223 – 1996 中对废钢铁的定义,废钢铁是指已报废的钢铁产品(含半成品)以及机器、设备、器械、结构件、构筑物及生活用品等钢铁部分废钢按其用途可分为熔炼用废钢、再生用废钢和一般用途废钢[40].

钢铁生产对废钢的要求首先是物理性能的要求,对废钢块束尺寸、充填密度、比表面和重量的要求. 这些参数在某些炼钢生产方法的实施过程中,将对废钢装料和熔化的时间以及对炼钢炉的生产率产生一定影响.

对废钢的充填密度具有主要影响的,是废钢的尺寸、形状和壁厚. 废钢的熔化时间取决于整个所装炉料的热导率和比表面. 热导率与充填密度之间存在着直接关系. 废钢开始熔化后,其熔化速度与很多因素(比如熔化温度、生铁和废钢中的碳含量、废钢表面平均温度和这一表面的形态、熔体流动强度等)相关. 除热导性能外,废钢的比表面对炉料熔化时间也有很大影响. 因此,最好是采用相当密实且比表面积较大的废钢.

与废钢的物理性能相关的,还有炼钢和生铁生产中烧损造成的金属损失. 烧损量在废钢比表面积不大的情况下是很小的. 所以,废钢打包和钢屑压块可使金属的烧损显著降低,且采用密度大于 3 t/m^3 的打包块则效果更好.

废钢铁的国家标准见 GB/T 4223 - 1996. 废钢铁的技术要求:

(1) 废钢的硫、磷含量不得大于 0.08%;

(2) 废钢铁内不得混有铁合金、有色金属和杂质;非合金、低合金钢可混放在一起按熔炼用废钢分类,不得混有合金废钢和生铁;合金废钢内不得混有非合金、低合金废钢和废铁. 废铁内不得混有废钢;

(3) 废钢铁表面不应存在泥块、水泥、粘砂、橡胶等;

(4) 废钢铁表面的油污、珐琅等应予以清除;

(5) 废钢中不准有两端封闭的管状物、封闭器皿、易燃和易爆物品、放射性及有毒物品等;

(6) 废钢铁中不允许有成套的机器设备及结构件;

(7) 废旧武器由供方做技术性的安全检查、处理;

(8) 有特殊要求时,由供需双方协商确定.

2.1.2 钢铁生产对废钢化学成分的要求

供给炼钢企业的废钢,应当成分均一并尽可能地没有金属的和非金属的杂质污染,杂质的允许含量应当符合标准规定. 但是在分选过程中,把属于杂质的各种金属全部都分离出来是不可能的. 废钢熔化后,在计及钢铁冶炼最重要阶段平均氧势的条件下,可对金属杂质作如下分类:

(1) 废钢熔化后即可大部分挥发的金属杂质.

在大气压力条件下,部分元素如铅、锌等具有较强的挥发能力. 废钢熔化时,锌会挥发并全部或者部分地氧化. 铅则作为金属或以氧化物形态存在于废钢中,由于金属铅与铁相比具有较大密度,且在钢液中溶解度很小,大部分将沉入熔体下部. 部分铅会在废气流中氧化成 PbO 而随废气一起挥发,在挥发的粉尘中常发现含有大量的锌和铅的氧化物. 废气中含有的锌化合物会沉降于耐火砖铺砌的蓄热室内,使热交换降低,恶化炉况. 此外,锌化合物则对炉衬有破坏作用.

(2) 由于较高的氧化能力而完全转入渣的元素(钙、镁、锆、铝).

(3) 在高炉中部分地还原并转入铁中,而在氧化介质中有很大程度地氧化并转为炉渣组成部分的元素(铁、硅、钒).

(4) 在高炉中部分地还原并转入铁中,在氧化时部分地氧化并转为炉渣,而在炉渣还原时刻则可重新转入钢中的元素(铬、锰).

(5) 几乎完全转入成品金属成分的元素(钼、钨、锑、镍、钴、铜).

随着用户对钢铁质量要求的日益提高,出现了纯净钢和超纯净钢的概念.关于纯净钢(purity steel)或洁净钢(clean steel)的概念,目前国内外尚无统一的定义.但一般都认为洁净钢是指对钢中非金属夹杂物(主要是氧化物、硫化物)进行严格控制的钢种.这主要包括:钢中总氧含量低,非金属夹杂物数量少,尺寸小、分布均匀、脆性夹杂物少以及合适的夹杂物形状.而纯净钢则是指除对钢中非金属夹杂物进行严格控制以外,钢中其他杂质元素含量也少的钢种.钢中的杂质元素一般是指 C、S、P、N、H、O 等,1962 年 Kiessling 把钢中微量元素(Pb、As、Sb、Bi、Cu、Sn)也包括在杂质元素之列,这主要是因为炼钢过程中上述微量元素难以去除,随着废钢的不断返回利用,这些微量元素在钢中不断富集,因而其有害作用日益突出.

理论研究和生产实践都证明钢材的纯净度越高对其性能和使用寿命具有越大的影响[41-42].钢中杂质含量降低到一定水平,钢材的性能将发生质变.如钢中碳含量从 40×10^{-6} 降低到 20×10^{-6},深冲钢的延展率可提高 7%.提高钢的纯净度还可以赋予钢材许多新的性能(如提高耐磨、耐腐蚀性等),因此纯净钢已成为生产各种用于苛刻条件下高附加值产品的基础,其生产具有巨大的社会经济效益.表 2.1 是根据钢中残存元素含量的质量分级.

表 2.1　钢的质量分级

质量等级	杂质元素含量 (Cu+Sn+Ni+Cr+Mn)/%	用　途
0	0.033	航空,核技术,特种石油用钢,电渣精炼,特种轴承
1	0.090	马氏体时效钢,超深冲钢,高强度钢,细钢丝轴承,拉拔和制罐用镀锡薄板

续　表

质量等级	杂质元素含量 (Cu＋Sn＋Ni＋Cr＋Mn)/%	用　　途
2	0.280	深冲钢,冷拔钢,冷弯型材,顶锻钢制无缝钢管用圆钢
3	0.335	锻造用钢,汽车部件,冲孔带钢,压力容器
4	0.390	标准管,管道用钢,镀锡薄钢板,黑钢板,轮轴,冷轧盘条,镀锌和搪瓷薄钢板
5	0.600	盘条,粗拔圆钢丝,型钢,热轧带卷
6	0.800	角钢,结构钢,轧材
7	＞0.800	钢筋

与钢的高质量相提并论的,还有冶金炉的生产率.这一指标与炼钢中的金属损失量相关,这一损失按其产生原因可分为工艺损失、冶炼损失和与原料相关的损失.与所用原料相关的金属烧损,取决于废钢中含有的金属和非金属的杂质以及生铁中含有的伴生元素.按照重熔废钢的性质不同,金属烧损一般在1%～25%范围之间.

2.2　废钢中有害残存元素的影响及其行为

衡量回收废钢的质量除了其物理性能外,近年来对废钢中的有害残存元素有了更高的要求.所谓钢中的残存元素(有的文献中也称之为残留元素、残余元素或痕量杂质元素)是指,炼钢时不能从钢液中有效去除,因而在钢材的反复回收利用时会积累到较高含量的元素.而像 S、P、O、N、H 等气体均不在残存元素的讨论范围内.当这些残存元素含量达到万分之几至千分之几时,对钢的某些性能可能产生明显影响.

2.2.1 废钢中有害残存元素对钢材性能的影响

各国冶金工作者很早就研究残存元素对钢材力学性能的影响，20 世纪 60 年代 Pickering 就对钢的成分、组织及力学性能之间定量关系的研究工作在文献[43]中进行了比较系统的总结. 70 年代，许多学者发表了关于微量元素对钢材性能影响的论文. 不过，所讨论的微量元素大都是有益的元素，如钒、铌、钛、铝等，指出它们在钢中具有细化晶粒和第二相沉淀强化的作用，能够大幅度提高钢材的强度.

随着循环废钢比例的不断增加，钢中有害元素对钢材性能的影响日益严重，引起了人们对这些元素对钢材性能影响的深入研究和广泛论述[44-56]. 现将废钢中的残存元素对钢材性能的影响归纳于表 2.2.

表 2.2 残存元素对钢材性能的影响[8-9]

钢的性能	Cu	Ni	Cr	Mo	W	As	Sn	Sb	Bi	Pb
热塑性	−					−	−	−	−	
强度	+	+	+,−	+			+	+		
延展性	−	+,−	+,−	−	−					
淬透性	+,−	+,−	+	+	+		+,0	+,0		
冲击韧性	+	+	0	−			0,−			
应变硬化 n	−	−	0,−							
应变比 r	+,−	0	0,−				0			
焊接性能	−	−	−	−						
耐蚀性	+	+	+	+			+			
回火脆性							+	+		

注：+、0、−分别表示该元素增加、不影响和降低对应的性能指标

图 2.1 是微量元素对钢材延展性能 r 值的影响.

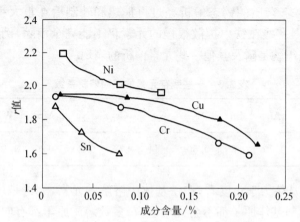

图 2.1　残存元素对钢材延展性能的影响

　　残存元素尽管在钢中的含量很少,但一般来说分布是不均匀的.
这是很少的残存元素含量能对钢材性能有显著影响的一个重要原
因. 残存元素在钢中除了溶解在基体中外,还可能存在于夹杂物中.
即使溶解在基体中,它们的分布仍可能是不均匀的,它们可能偏聚在
晶界上[57-59].

　　(1) 有些残存元素会成为夹杂物或存在于夹杂物中,这主要是指
氧势大于铁的诸元素. 它们在炼钢时被氧化,绝大部分进入炉渣中.
由于炼钢、炉外精炼和浇注条件的不同,被氧化的残存元素或多或少
地会留一些在钢液中成为夹杂物. 夹杂物大致可分为简单氧化物、复
杂氧化物、硅酸盐夹杂物、氮化物和硫化物等. 夹杂物一般对钢的性
能不利,包括降低强度、韧性和塑性,引起点腐蚀等等.

　　(2) 溶解在基体中的残留元素可能发生铸态偏析,即钢液在凝固
时在先冷凝的部分和后冷凝的部分分布不同. 在钢锭和连铸坯内,残
存元素的分布一般是不均匀的,在后冷凝的中心部分,杂质偏聚量较
多. 偏析程度取决于残存元素在液相和固相间的分配系数. 从相图上
可以大致判断该元素的偏析倾向. 表 2.3 给出了一些残存元素在凝固

时的偏析系数,它们是无量纲的系数. 此系数越大,偏析倾向越强,无偏析时为零. 杂质的铸态偏析经过再加热和轧制后在很大程度上可以消除. 但有些在铁中扩散很慢的元素仍不能完全消除,例如,钢中的带状组织就是磷及其他一些元素偏析的表现.

表 2.3　一些残存元素的凝固偏析系数

元　素	As	Sb	Sn	Cu	Cr	Ni	Mo	W	Co
偏析系数	0.70	0.80	0.50	0.44	0.05	0.20	0.20	0.10	0.10

（3）从热力学角度看,在铁基体中溶解的元素,无论是尺寸还是电子因素与基体原子都不会完全适应. 多数溶质原子都有向晶界(相界)和表面偏析的倾向. 这是不同于铸态偏聚的微观偏析. 一般来说,在铁中固溶度越小的元素,偏析的倾向越大. 由于残存元素上述的不均匀分布,尽管它们的平均含量很低,但在局部地区浓度却可能很高,从而影响钢材的性能.

2.2.2　废钢中有害残存元素在炼钢生产过程中的行为

由于炼钢的主导过程是氧化过程,可以推断,氧化势大于铁的元素在氧化过程中将先于铁氧化,形成简单氧化物或复杂氧化物进入渣中而被排除. 也有少量会留存于钢中成为夹杂物. 那些氧化势小于铁的元素,由于在炼钢时未被氧化,大部分都会保留于钢液中. 氧化势与铁接近的元素的去除多少与冶炼操作有关,一些氧化势低,熔点也低的元素,例如锌等可能借挥发而从钢液中逸走. 密度大的铅不溶于钢中,除部分挥发外,还会从钢液中沉到炉底.

对于有害残存元素在炼钢过程中的行为,各国的冶金学家都给予了高度的重视[54,60-62]. 研究建议在考虑钢铁熔炼最重要阶段的平均氧势的条件下,常见元素在电炉冶炼时的行为见表 2.4. 表 2.5 是真空冶炼时一些残存元素的行为.

表 2.4 一些残存元素在电炉冶炼时的行为

	熔　池　中	熔　渣　中	气体中
全　部	Cu，Mo，Ag，Sb，Bi，Co，Ni，Ta，Sn，W	Al，Be，Ca，Mg，Si，Ti，Zr，Hf，REM	
大部分	Cr，Pb		Ca，Zn
部　分	B，Nb，P，Se，S，Te，V，Zn	B，Cr，Nb，P，Se，S，Te，V	Pb

表 2.5 真空处理对钢水中一些残存元素的去除效果

基本无效果	缓慢去除	能大部分去除
Sb，As，B，Nb，P，Sn	Bi，Co，Cr，Cu，Mn	Cd，Pb，Se，Te，Zn

2.3 废钢中有害残存元素的蓄积与废钢的循环利用率

2.3.1 废钢中有害残存元素的蓄积状况

(1) 废旧(弃)汽车中回收的废钢[63].

随着汽车工业的发展,全世界范围内的汽车保有量持续增加,其引起的环境问题也日益受到人们的重视.汽车有三大类型:客车、货车和轿车.汽车的主要材料有金属材料、塑料、橡胶、玻璃、铝合金、铜、铅、油漆等,废汽车的金属材料组成见表2.6.

表 2.6 典型汽车的材料构成(质量比/%)

项　目	轿　车		卡　车		公共汽车	
	kg/台	%	kg/台	%	kg/台	%
生　铁	35.7	3.2	50.8	3.3	191.1	3.9
钢　材	871.2	77.7	1 176.7	76.1	3 791.1	76.6

续　表

项　目	轿　车		卡　车		公共汽车	
	kg/台	%	kg/台	%	kg/台	%
有色金属	52.4	4.7	72.3	4.7	146.7	3.0
其　他	161.8	14.7	246.1	15.9	817.8	16.5
合　计	1 120.1	100	1 545.9	100	4 946.7	100

　　由表可见,其中的钢铁材料占 70%～80% 以上. 因此,汽车用钢铁材料的回收利用是汽车回收利用的关键所在. 进入 20 世纪 90 年代以来,世界汽车生产每年保持在大约 5×10^7 辆水平,其中轿车占 72%. 全世界汽车按普通轿车材料构成比和材料利用率 70% 计算,汽车制造业每年消耗钢铁 61×10^6 t,有色金属 7×10^6 t[64]. 加上全世界 6×10^8 多辆汽车维修用零件的材料,汽车消耗的材料更是惊人. 1992 年全世界汽车保有量为 6.4×10^8 多辆,据估计 2010 年世界汽车保有量将达到 10×10^8 多辆.

　　由于汽车具有商品、艺术品等多重属性,它既要安全、快捷、美观、舒适,又要满足节能、环保、经济等多方面的要求. 所以,汽车材料几乎涉及材料工业的各个方面. 汽车中有许多有色金属与钢铁材料难以分离的机械零部件及材料,如电极铁芯、电路板、电线、轴瓦等. 从废旧汽车中回收的废钢成分十分复杂,并带有大量对钢材性能有害的元素.

　　汽车要使用各种铜制品,如发电机、马达等. 高级轿车要使用很多马达,许多附属装置都要使用马达驱动. 就是一些普通大众车,也要使用 40 多个马达. 此外,还有各种铜导线和铜配件. 这些铜在废车拆卸时不可避免地会进入废钢中. 废钢中铜的主要来源之一就是汽车废钢,它经切割分类后,其中 25% 是非磁性材料,经磁选后还需手工挑选有色金属材料[65].

　　对于富铜废钢的处理采用低温破碎法可以提高分离效率[60],一部小汽车的铜含量为 $1.0\% \sim 4.0\%$. 经过破碎、分选处理,如果能把混入的铜质部件全部除去,则在回收的废钢中铜的浓度为 0.06%. 然而,以废钢处理技术最为先进的美国为例,去掉电池、散热器、发电机、启动装置、发动机、加热器、变速器等后,汽车废钢的铜含量的平均水平为 0.30%[66]. 炼钢厂购入的汽车破碎废钢含铜量往往大于 0.25%[67].

图 2.2 是废旧汽车拆卸处理的一般工艺过程示意图.

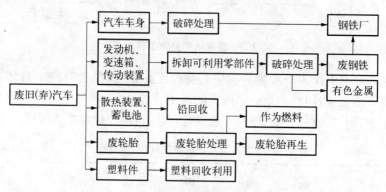

图 2.2　废旧汽车拆卸处理的一般工艺过程

(2) 废弃(家用)电器中回收的废钢[68].

家用电器也是社会经济体系中大量生产——大量消费——大量废弃的典型代表. 由于产品在使用之后的再生循环利用技术的开发和回收利用体系都不很完善,多数家用电器等大众消费品在使用之后就被废弃了,而且废弃数量越来越多,曾有报道,仅 1999 年春节期间,广州居民扔掉的废家电就超过 500 t[69].

家用电器产品的制造工艺复杂,构成材料多. 如不妥善处理,直接作为城市垃圾埋掉或烧掉,必将造成空气、土壤和水体的严重污染,损害人民的身体健康. 近年来,国外废家电的回收利用发展迅速,欧美、日本等发达国家通过再生资源利用的立法,大力开展废家电再生利用研究. 1993 年,德国首先确立了"家电制造商负责"的法律原则,并迅速在发达国家得以推广. 由于美国禁止家用电器的填埋以及有许多对处理家用电器的其他限制,据统计,1995 年美国有 75％的大家电进行了回收利用. 图 2.3 是废弃家电的处理工艺过程.

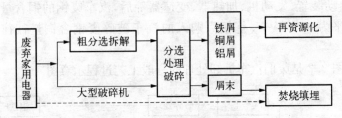

图 2.3　废家电的处理工艺过程

　　废家电作为一般废弃物中的特种废弃物,其中含有许多对环境有害的物质,同时也是一笔可贵的再生资源. 家电产品的主要用料为生铁、钢材、有色金属、塑料和玻璃等,其用料组成如表 2.7 所示.

表 2.7　典型家电产品的材料构成(质量比/％)

	铁	铜	铝	塑料	玻璃	其他
彩　电	10～27	3～6	2～4	8～23	36～57	3～7
电冰箱	50～69	3～4	2～5	12～40	0～5	3～4
洗衣机	53～69	3～4	2～8	12～36	—	2～5

　　由于电子制造技术的发展,家电产品的功能明显地增加,同时也造成产品中零部件的数量随之成倍地增加. 电子元器件、金属化电极、电容器、印刷电路板等电子组件中广泛使用 Cu、Pb、Zn、Ag、Sb、Bi、Ni、Al 等材料. 加之磁性材料、电子材料和复合材料的大量使用,使得难以解体分离的产品不断地增加. 家用电器使用的零部件种类繁多、数量大、体积小,因此有效的拆分工作比较困难. 这就使回收的废金属中含有较多的杂质. 较之于从其他途径回收的废钢,从废家电中回收的废钢料杂质含量高、有价金属多,如 Cu 含量可达 0.4％～

2.5%;Sn 含量大于 0.3%;Zn 的平均含量甚至超过 2.74%.其他元素含量也大大高于普通废钢的平均含量[62,68].

（3）一般社会回收废钢.

根据欧洲煤钢联营（ECSC）及美国 20 世纪 90 年代公布的资料[70],典型的废钢残存元素的含量见表 2.8.废钢中残存元素波动范围见表 2.9.欧洲家庭废物中金属中铜含量常常超过 1%[71].

表 2.8 典型废钢残存元素组成(%)

杂质元素	C	Mn	S	P	Cr	Ni	Sn	Cu
重废钢	0.122	0.786	0.045	0.040	0.022	0.052	0.012	0.070
第一类废钢捆	0.082	0.198	0.017	0.033	0.027	0.073	0.090	0.055
切碎废钢	0.163	0.178	0.028	0.014	0.044	0.068	0.044	0.298
二次切碎废钢	0.330	0.350	0.037	0.025	0.280	0.074	0.010	0.230
城市焚化炉废钢	0.017	0.240	0.126	0.089	0.160	0.130	0.052	0.404
焚化炉废钢	0.037	0.240	0.040	0.037	0.069	0.130	0.034	0.404

表 2.9 废钢残存元素波动范围(%)

杂质元素	Cr	Ni	Cu	Sn
废钢屑	0.04～0.10	0.10～0.19	0.23～0.43	0.027～0.042
城市焚化炉废钢	0.12～0.20	0.10～0.22	0.304～0.98	0.032～0.14
冷冻破碎屑 (Cryo-shredded)	0.098～0.131	0.091～0.12	0.169～0.275	0.022～0.033

2.3.2 废钢中有害残存元素的蓄积与废钢的循环利用率

世界各发达国家都对废钢中有害残存元素的蓄积状况和脱除技术予以了高度重视[60-62,72-73].据预测,2000 年世界电炉钢将占钢产量的 36%(美国将占 50%),2005 年接近 40%,2010 年将超过 45%.废钢作为电弧炉炼钢的主要炉料,在每次利用的过程中若不将其中的 Cu、Sn 等去除到更低的程度,经过多次反复使用,残余(有害)元素就会在废钢中蓄积,含量越来越高,严重影响钢材的使用性能.

关于残存元素在钢中的积累,Duckett 提出了一个简单的迭代模型[74]. 假设具有固定合金加入量和废钢污染物的钢制品被反复回收利用,他利用一个几何级数表明,如以 Sn 为例,经过 4~5 个循环,Sn 的含量会接近其极限值. 经过数次循环后,一般范围内的残存元素平均极限值 $R(\%)$ 可由下式求得:

$$R = \frac{r \times c}{1-r},\qquad(2.1)$$

其中,c 为全部废钢(外购废钢及本厂废钢)残存元素的平均百分数,r 为所产粗钢消耗废钢的比例. 根据此式,r 增加,平均残存元素 R 将增加(假设废钢中杂质含量不变),则美国从 1966 年至 1979 年废钢与钢的比例由 0.523% 增至 0.566%,钢中残存元素含量大约增加 10%.

从发展趋势看,尽管全球范围内残存杂质总的水平会逐步提高,但各国情况不尽相同,就每个杂质的情况来看也不尽一样. 户井朗人等[75-76]提出了一个估算钢中杂质积累的模型,认为社会上钢材的使用寿命与其废弃率大体成 Γ 函数分布的关系. 根据钢材中的杂质浓度和环境负荷的允许程度,当社会上钢材积蓄到一定比例后就要进行再循环. 在此期间钢材中会混入一定量的杂质,其关系式为

$$\frac{f_1}{S_{rt}} = \frac{g}{1-b\left(\dfrac{\lambda_2}{r+\lambda_2}\right)^{\alpha_2}},\qquad(2.2)$$

式中,f_1 为再生钢材中的杂质含量;S_{rt} 为再生钢材的积蓄量;r 为社会上钢材积蓄量的增长率;b 为废弃钢材中回收再生的比例;α_2,λ_2 为再生钢材使用寿命的 Γ 分布函数的参数;g 为再生过程中杂质混入的比例.

文献[77]从社会可持续发展的角度研究了废钢中铜的污染对废

钢循环利用率的影响,并建立了相应的数学模型. 文献[78-79]对英国未来电炉钢产量的发展进行了研究和预测,各国研究者的结论几乎是一致地认为未来钢铁产品生产的主要原料将来自于废钢,而废钢中有害残存元素的存在是影响废钢循环率提高的最主要因素.

图 2.4 是文献[80]中介绍的循环利用率与废钢中铜含量(废钢污染率)之间的关系,两者之间呈现出反比的关系,即废钢中的铜含量高,则废钢的循环利用率就低;反之,废钢中铜含量低,则废钢的循环利用率就高. 若想提高金属循环率,就必须降低废钢中铜元素的污染率,即降低废钢中的铜含量.

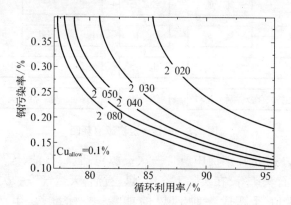

**图 2.4　废钢污染率与循环利用率之间的
关系($Cu_{allow}=0.1\%$)[41]**

2.4　关于废钢价值的再认识

在废钢再生资源化的过程中,要获得良好的金属性能就必须投入必要的社会劳动,只有这样才能使废金属各部分不同程度地体现或恢复原金属的使用价值. 金属再生的过程是从资源生成到消费(或综合利用)之前的一系列过渡过程,包括回收、挑选、分类、加工、处理等等过程. 在该过程中,金属循环资源的自然属性不发生变化,但在内涵上由于注入新的劳动而发生了质的变化. 它使得废金属不再是"废料",而成为有使用价值的商品,这就是金属循环资源社会属性内涵的体现.

废钢的使用价值是其开发利用的基础,正是因为废钢具有使用价值,它才能够进入生产领域,进而进入消费领域. 废钢的使用价值是由它的自然属性所决定的,这也是其能够再生的本质.

根据投入产出法分析,钢铁工业是以一次自然资源为初始原料的制造工业,钢锭形成过程如图 2.5 所示.

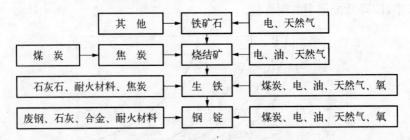

图 2.5　钢锭一次资源消耗图

由以上分析知钢锭中所含一次资源包括煤、石油、天然气、合金矿、铁矿、石灰矿等. 在实际工作中,煤、石油、天然气等一次能源往往按其发热值折算成一种理想的能源——标准煤,其发热值为 29 300 kJ/kg. 废钢和钢锭中所含一次自然资源类型相同,包括煤、合金矿、铁矿石、石灰矿等.

从废钢形成过程可以发现,如果不考虑表面的腐蚀,则废钢和钢锭在内部化学构成上是相同的,所不同仅在于物理形态上的不同. 忽略废钢腐蚀损耗部分,从宏观来看可以认为,相同生产方式生产的单位钢锭以及最终形成的单位废钢所含矿产资源价值相同.

从而废钢所含矿产资源的价值核算公式为[81]

$$J_{PK} = \frac{M_{PK}}{\xi_0} J_{PK} + \frac{M_T}{\xi_0} \times \frac{M_{TK}}{\xi_T} \times J_{TK} + \frac{M_H}{\xi_0} \times \frac{M_{HK}}{\xi_H} \times J_{HK}, \quad (2.3)$$

其中,M_{PK} 为吨钢所需废钢吨数,t/t;ξ_0 为钢锭合格率,%;J_{PK} 为吨废钢所含矿产资源价值,元/t; M_T 为吨钢所需要生铁吨数,t/t; M_{TK} 为吨生铁所耗铁矿石吨数,t/t; ξ_T 为生铁合格率,%; J_{TK} 为吨铁矿石资源价值,元/t; M_H 为吨钢所需合金料吨数,t/t; M_{HK} 为吨合金料所耗合金矿石吨数,t/t; ξ_H 为合金料合格率,%; J_{HK} 为吨合金矿石的价值,元/t.

使用废钢作为生产原料的短流程钢厂对废钢中的残余元素总量有严格的要求[82-84],尤其是铜含量. 美国短流程钢厂的铜含量基本控制在 0.1% 以下[85],以 Gallatin 钢厂为例,其电炉原料配比一般为 60%废钢+15%HBI+25%生铁,钢水的铜含量为 0.08%. 按照此铜含量反算,其废钢的铜含量大致在 0.15% 以下. 由于铜含量低,残存元素总量可以控制在 0.25% 以下.

有些专家强烈地担心:现有的控制废钢中残存元素含量的措施不足于解决问题,废钢中至少有 10%将不得不用于填埋垃圾场[86]. 以日本为例,至 2015 年,由于废钢中有害元素含量过高而被弃置不能回收利用的废钢将达 $1.5 \times 10^8 \sim 3.0 \times 10^8$ t[72]. 由此可见,当钢铁生产不能完全吸收那些不断增加的废钢时,就会造成废钢的垃圾化.

国内电炉钢厂由于长期生产普通建筑用钢材,对废钢的成分分类没有引起重视. 而美国的废钢加工业发达,他们采取的办法是按照经验数据或生产结果,按成分对废钢进行分类堆放,并且按成分对废钢进行定价. 国际上尤其是美国废钢价格主要取决于两个因素,一是废钢的尺寸,即所谓的轻型、重型、轻薄料等;二是残存元素含量. 残存元素含量愈高,则价格愈低. 国内一些企业往往由于忽视第二个因素而在价格上吃亏[85]. 例如残余元素总量为 0.3%的·1 号打包料在 1994 年的国际市场价格已达 185 美元/t 以上. 一般地,残存元素每降低 0.1%,废钢价格就升高 7 美元/t 左右[87]. 实际上,欧洲在 1994 年就开始采用了新的废钢划分标准[62,88],该标准是以废钢的纯净度来划分的(废钢中的 Fe 元素和残余元素含量),这是一个相比于原来仅仅依据废钢产生来源的新特征. 在这一点上,我国目前尚未能够给予足够的重视.

我国的珠钢投产后,废钢资源明显不足,不得不进口废钢.另一方面,珠钢所生产的薄板对钢水质量的要求非常高.进口废钢中的残余元素,特别是铜含量非常高,见表 2.10.不得不采用配加生铁或 HBI 的配料方案,其中比较合理的方案是 2 篮废钢＋1 篮生铁,另外连续加 20％HBI 的方案,才基本满足了工艺和质量的要求[89].

表 2.10　珠江钢厂进口废钢中的铜含量

序　号	废钢品种	铜含量/％
1	车屑料	0.60
2	2 号打包料	0.55
3	2 号重废	0.50
4	1 号重废	0.30
5	破碎料	0.22
6	1 号打包料	0.07

金属材料的循环并不总是经济的和对环境有益的[90-91],特别是当其中的有害杂质超过材料梯级应用的含量时.随着循环利用次数的增加,废金属中的杂质含量也会不断地提高,为了去除金属中的有害杂质,就必须消耗能量并且增加环境负荷,这一方面的支出会抵消金属循环带来的益处.

从上述的论述可以知道,废钢的价值应该更加全面地考虑,按照循环经济的要求来衡量废钢的价值才是合理的,因此,现有的废钢价值模型应该有所修正.对于废钢再生过程中的代价应该计算在内,对于废钢中有害残存元素超过标准的废钢应该将其归类于废弃物,而不应该采用稀释的办法将其回收利用.稀释方法虽然看似金属的循环利用,实则是造成了纯净钢水的污染,增加了金属再次循环的难度,也即是破坏了钢铁材料的循环利用的"生态"平衡.这种钢铁材料的"生态"一旦被破坏,在现有的可以预见的技术条件下是无法恢复的.因此,开发一种新的可以将废钢中有害残存元素去除或分离的技术是非常重要的.

可见影响废钢价值的因素是很多的,综上所述,本文认为衡量废钢的价值应该全面考虑以下因素:

(1) 废钢所含的一次资源的价值;

(2) 废钢再生过程的能量消耗;

(3) 废钢中有害残存元素的含量水平(对钢材性能的影响);

(4) 废钢处理的环境效益.

从 2.3.1 节的论述可知,家电废钢、汽车废钢明显地不同于普通废钢,它们具有较高的 Cu、Sn、Sb、Bi 等元素含量,其他元素含量也大大高于普通废钢的平均含量. 从可持续发展的观点来看,用传统的稀释方法来处理这类废钢是不适宜的. 虽然稀释法可以将钢水的杂质元素含量降到容许的范围内,但却提高了循环使用废钢的杂质含量的基准. 同时这种办法也只利用了其中的黑色金属,而大量的其他有价元素 Cu、Sn、As、Sb、Bi、Cr、Ni、Mo 等等却被浪费掉,这既是有价金属元素的浪费,又会对钢材性能产生巨大的威胁.

例如,已知锡对助长热加工时由铜引起的"表面热裂"有很大影响,Sn 与 Cu 共存时,Sn 的作用很坏. 对于薄板钢材必须把 Sn 控制在 0.01% 以下,如果废钢含有 0.15% 的锡,为了把它稀释到 0.01% 以下,就必须要用 15 倍于它的清洁原材料. 可见,稀释法利用回收废钢的方法会造成大量清洁原材料的污染,是一种暂时的、破坏了材料纯净性的方法.

因此,对于有害残存元素含量较高的废钢,如家电废钢、汽车废钢等,应予以专门的处理. 若将该类废钢视为废弃物,而不是"载能资源",在处理上就应该以提取其中的有价值元素为主,而不是简单地进行稀释后利用. 但现在采用稀释法利用回收废钢的观点普遍被接受,甚至被认为是最经济的方法,这种观点还是停留在线性经济的思维定式里,还是以成本最低为原则的发展模式,显然这种模式已经不符合发展循环经济的要求. 与环境协调发展是当今社会发展的主流,人类社会经济发展中的环境政策已经从成本最低型、成本——效益兼顾型,走向与环境协调的环境有益型发展模式[92].

对于有害残存元素含量较高的废钢进行专门处理,这一观点的提出和执行有利于人们加深对这类废钢价值的认识,对其进行专门的处理,既可以富集和回收其中的有价金属元素,又可以减轻有害残存元素对钢材性能的有害影响,维护钢材基体的纯净,以使钢材获得更加优异的性能.

2.5 本章小结

对废钢中的有害残存元素对钢材性能的影响及其在冶炼过程中的行为进行了详细的论述.理论研究和生产实践都证明钢材的纯净度越高,其性能越好,使用寿命也越长.钢中杂质含量降低到一定水平,钢材的性能将发生质变,在金属循环过程中维护和保持金属基体的纯净性是至关重要的.

本章提出了衡量废钢价值应该全面考虑的观点,按照循环经济的要求来衡量废钢的价值才是合理的,衡量废钢价值应包括以下几个因素:

(1) 废钢所含的一次资源的价值;

(2) 废钢再生过程的能量消耗;

(3) 废钢中有害残存元素的含量水平(对钢材性能的影响);

(4) 废钢处理的环境效益.

各国研究者的结论几乎是一致地认为未来钢铁产品生产的主要原料将来自于废钢,而废钢中有害残存元素的存在是影响废钢循环率提高的最主要因素.因此,作者认为,未来废钢价值的大小将主要取决于废钢中有害残存元素的含量.

目前采用稀释法利用回收废钢的观点普遍被接受,但这种观点还是停留在线性经济的思维定式里,还是以成本最低为原则的发展模式,显然这种模式已经不符合发展循环经济的要求.与环境协调发展是当今社会发展的主流,人类社会经济发展中的环境政策已经从成本最低型、成本——效益兼顾型,走向与环境协调的环境有益型发展模式.

　　本章对有害残存元素在废钢中的蓄积状况进行了综述,对从废弃汽车、废弃家电中回收废钢的材料特点进行了专门论述. 这类废钢的特点是含有较高的对钢材性能有害的,但却是有价的 Cu、Sn、As、Sb、Bi、Cr、Ni、Mo 等金属元素,其含量明显地不同于普通废钢. 提出了对于此类废钢,应予以专门处理的建议. 若将该类废钢视为废弃物,而不是"载能资源",则在处理上就应该以回收其中的有价元素为主,而不是进行简单的稀释后利用. 这一观点的提出和执行有利于人们对这类废钢的认识,对其进行专门的处理,既可以富集和回收其中的有价元素,又可以减轻这些元素对钢材性能的有害影响,维护钢材基体的纯净性.

第三章　金属循环利用过程中金属元素的分选与分离技术

分选是实现固体废弃物资源化、减量化的重要手段,通过分选将有用的部分充分选出来加以利用,将有害的部分充分分离出去.分选的基本原理是利用物料在某些物理或化学性质方面的差异,将其分选开.例如利用废弃物中的磁性和非磁性差别进行分离;利用粒径尺寸差别进行分离;利用比重差别进行分离等.根据废料的不同性质,可以设计制造各种机械对固体废弃物进行分选.分选包括手工捡选、筛选、重力分选、磁力分选、涡电流分选、光学分选等.

分选技术是进行资源的回收、再利用,实现资源的循环,为解决资源、环境与经济发展之间的矛盾,实现可持续发展中必须解决的技术之一.

3.1　固态下单质金属的分选技术

在废弃物的回收过程中,按材料的种类回收,即所谓的分类回收是很有必要的,这也是金属材料回收利用的第一步.多数废弃物是由不同材料制成的零部件或用复合材料制成的零部件组合起来的,回收时首先要将其解体破碎,然后按材料种类的不同将其拆开或切割开.如果是复合材料则要将其破碎或切割成单一材料的小块以方便分捡,破碎可能是拆卸、切割以及通常意义上的破碎等类型,实际操作中还可能兼而有之.

3.1.1　常温(低温)破碎拆解法

废钢加工处理一般分为手工和机械加工两类.手工加工有火焰

切割、落锤、爆破等方法,手工操作处理废钢的共同缺点是工作条件恶劣、劳动强度大、污染环境严重,但在某些情况下不能用机械加工方法替代,因此还不能完全淘汰.

机械加工则有打包机、剪切机等.20世纪80年代以来,许多国家纷纷推行碎片钢(Shred)入炉的技术措施.经过碎片机(Shredder)的撕切破碎,各种条钢、板材、容器、管筒等都被破碎成块度均匀的碎片,而诸如炮弹、钢坯等则被挑选出来.碎片再经过磁选、水淋、气选、筛分等分选工序,其中的非铁物质和垃圾污物都被除去,产出的碎片料洁净,块度均匀,且没有夹带密闭容器、炮弹、有色金属等其他部件之虞.碎片机对提高回收钢炉料质量有显著效果.近十几年来,美、日、英、德等国都积极装备碎片机,有些钢厂电炉入炉料的60%～80%都用碎片钢.这种措施是提高钢的质量、降低电耗,提高生产率的一项重要措施.我国的几家大型钢厂过去十几年曾一度热衷于购置大型液压剪切机和液压打包机,但没有一台碎片机.直到几年前广州一家钢厂才从美国引进了第一台碎片机[93].

低温破碎技术是利用材料的低温脆化温度的差别而对物质进行选择性破碎和分选的技术.低温可以减少破碎废钢时所消耗的能量,因为室温破碎时的剪断在低温时可以变成脆断.但人们更感兴趣的是低温时可以破碎的更细,细碎有利于不同材料的分离.例如对混在废钢中的塑料就可以做到更为有效的分离.压缩机、马达等金属复合物,经低温破碎,金属材料的剥离比达96%～99%,几乎完全剥离出来,易于后工序分选,可得到纯度较高的各种金属.常温破碎每kg处理物耗能为24 kW·h,低温破碎耗能为6 kW·h,降到原来的1/4.

日本的新日铁公司在重新考察了过去在日本和欧洲研究过的低温破碎法,建了一个处理能力为600 kg/h的工业试验线,见图3.1[94].它设有一个液氮箱,由传送带送来的废钢(马达芯等)用液氮发生的冷气来冷却,还设有槌式破碎机和磁性分离器,通过磁性将铁分离出来,其余部分再通过尺寸分级,按大小将非铁组分分离开来.

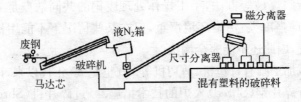

图 3.1 废钢的低温破碎试验线

3.1.2 磁选法及涡电流分选法

这两种方法主要用于分离金属. 磁选法是利用金属具有不同的磁性而将他们分离的一种方法,用于从物料中分离出钢铁等具有铁磁性的物质. 而涡电流法用于分离出非磁性金属,如铜、黄铜、铝、不锈钢等,而且能把他们互相分开. 日本已设计了可以将废旧(弃)汽车切割渣中的各种金属分捡出来的涡电流法分捡机器,涡电流法适用于 5~100 mm 大的金属颗粒. 其原理是,当金属颗粒运动通过 N 极和 S 极交界时,在金属内就产生涡电流,涡电流产生的感生磁场与原磁场发生相互作用,而对金属颗粒产生作用力,该作用力的公式为

$$F = KmV(\sigma/\rho)r^2(\partial B_z/\partial x)^2, \tag{3.1}$$

式中,m 为质量,V 为移动速度,σ 为电导率,ρ 为密度,r 为粒径,B 为磁场强度,K 为比例常数,力 F 正比于 $(\partial B_z/\partial x)^2$. 日本已设计出在 30 mm 内磁场由 9 700 Gs N 极变为 9 700 Gs S 极的涡电流分捡装置,可成功分离非铁金属.

图 3.2 是文献[95]报道的一种涡电流分选装置的示意图.

3.1.3 人工智能分选法

借助彩色成像分析从废钢中分离出富铜部分的办法. 一个摄像机可以摄取在强照明下正在其前面运送来的废钢的图像. 计算机对摄像机的图像进行实时的彩色分析,废钢中的含铜部分靠颜色可以很容易地分辨出来,然后借助一个简单的机械装置将富铜部分从废

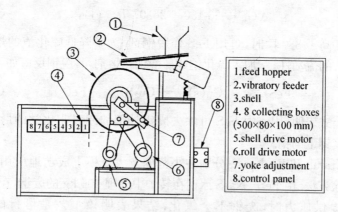

1.feed hopper
2.vibratory feeder
3.shell
4. 8 collecting boxes
(500×80×100 mm)
5.shell drive motor
6.roll drive motor
7.yoke adjustment
8.control panel

图 3.2　一种涡电流分选装置的示意图

钢中挑选出来.

3.1.4　铜铝风力分选法

利用金属比重差,用风力分选分离铜和铝的一种分选方法.风力分选装置简单易操作、设备成本低,但分选时受碎片厚度的影响很大,设备性能不稳定.分选的铜铝纯度只有 90%.为解决铜铝碎片的厚度影响,在风选机前增加辊压机,使铜铝碎片经辊压至 $1\sim3$ mm,再进行风力分选.当风力分选机的风速达 11 m/s,铜铝的回收率均约 99%,回收铜铝的纯度均在 98% 以上,从而使铜、铝的纯度有较大提高.

3.1.5　冰铜(硫化物)反应法

利用冰铜(硫化物)从废钢中除铜的方法文献中有许多的报道[96-99].硫化物法废钢脱铜的基本原理是在高于 600 ℃ 下 Cu_2S 比 FeS 稳定,其反应式:

$$FeS(l) + 2Cu(s) \Longrightarrow Cu_2S(l) + Fe(s). \tag{3.2}$$

该反应的标准吉布斯自由能为

$$\Delta G_1^0 = 23\,130 + 26.07\,T \quad (\mathrm{J}), \tag{3.3}$$

当温度高于 887 K 时,可用 FeS 作脱铜剂. 为了降低硫化渣的熔点,提高渣的流动性,常加入硫化钠或硫酸钠作熔剂,其脱铜反应如下式:

$$(\mathrm{FeS})_{\mathrm{matte}} + 2\mathrm{Cu(s)} = (\mathrm{Cu_2S})_{\mathrm{matte}} + \mathrm{Fe(s)}. \tag{3.4}$$

上式表明,用渣中 FeS 可除去废钢外部的或以非化学的形式结合在废钢上的铜.

Cramb 和 Fruhan[96] 分别在小范围及大规模上成功地应用了这种去除方法. 用 FeS - Na₂S 冰铜在转炉中处理 100 kg 的废钢,在向转炉中提供压力时,废钢不会氧化,结果表明该工艺是可行的. 在 1 000 ℃ 时利用初始成分为 82%FeS - 18%Na₂S 的冰铜可从废钢中去除 Cu,而黏附于废料上的少量冰铜可通过酸洗去除.

假定初始冰铜不包含 Cu,根据上述反应的平衡成分可以计算出,1 kg 的 82%FeS - 18%NaS 冰铜能够去除 1.12 kg 的铜. 因此,要从 1 t 含有 0.5%Cu(5 kg) 的废钢中去除全部的 Cu,大约每 t 废钢需要 4.5 kg 冰铜,应该强调的是这仅仅代表理论上所需的最少量,实际生产中,确切的冰铜使用率(kg/t)将更高一些.

为了提高脱铜速度[99],需要进一步加强搅拌,包括气体或机械的搅拌,使熔体充分冲刷反应界面. 除了改善反应的动力学条件外,还会有利于脱铜的附加反应. 根据热力学计算,下述反应

$$(\mathrm{FeS})_{\mathrm{matte}} + 2\mathrm{Cu(s)} + 1/2\mathrm{O_2(g)} = (\mathrm{Cu_2S})_{\mathrm{matte}} + (\mathrm{FeO})_{\mathrm{matte}} \tag{3.5}$$

的标准吉布斯自由能变化为:

$$\Delta G^0 = -57\,500 + 9.15\,T \quad (\mathrm{J}), \tag{3.6}$$

$$\Delta G^0 = 1/2RT\ln(P_{O_2}/P^0) \quad (\mathrm{J}), \tag{3.7}$$

可得出 1 000 ℃ 时,$P_{O_2} = 1.8 \times 10^{-11}$ Pa. 即气相中氧分压大于 1.8×10^{-11} Pa 时,反应(3.5)就进行. 因此,向熔渣中吹入具有一定氧分压的气体,对脱铜反应更为有利. 反应(3.5)没有固相产物. 故有利于反

应物和生成物的传质,从而有利于界面处脱铜反应的进行. 此外,由热力学计算可知,控制合适的氧分压可以避免渣中的 FeS 氧化,普通气体中的氧分压大约为 10 Pa,FeS 的氧化可以忽略不计. 用 CO/CO_2 混合气体代替氩气作为搅拌气体可获得所期望的氧分压. 尽管硫化物脱铜反应在 1 000 ℃ 时的平衡常数大约为 2,但是由于固态铜的活度为 1,选用合适成分的硫化渣,铜在渣铁中的分配系数仍可高达 500. 增大渣中 FeS 的活度,降低 Cu_2S 的活度系数,可提高铜的分配系数. 加入适量的 $Na_2S(X_{NaS}=25\%\sim30\%)$ 可获得上述参数的最佳配合.

实验证明,吹入具有一定氧分压的氩气,在熔渣组元质量分数为 Fe - 70%,Na_2S - 30% 时,可明显地提高反应初期的脱铜速度.

概括地说,从铁水或钢水中去除 Cu 的各种方法,由于需要大量的冰铜及去 Cu 之后,要从钢液中脱 S 而使这些在实践中难以成功应用.

3.1.6 熔铝法

Iwase 和合作者们[100] 研究了利用液态 Al 从固体废钢中除 Cu 问题. 这一工艺依据是在 1 000 K(730 ℃) 或者更高温度下,Cu 在 Al 液中较大的溶解度及 Al 在 Cu 中较低的溶解系数. 另一方面,在 700~750 ℃ 范围内,铁在液态 Al 中溶解度很低,因此铁的损失可以保持在最小值.

Iwase 和 Tokinori 在 750 ℃ 进行的一系列实验表明:在 10 min 之内,利用包括 20%Cu 的液态 Al,基本上可以将所有的 Cu 去除,而液态 Cu - Al 合金中 Fe 的含量大约 3%,处理 10 min 之后,发现黏附在废料上的 Al - Cu 合金含量最少,时间再长,明显地有更多的黏附物质. 同时发现,含 60% 以上 Cu 的液态 Al,在 750 ℃ 下仍可以被用于从固态废钢中除 Cu,这表明 1 kg 不含铜的铝可以从固体废钢中去除 1.5 kg 的 Cu. 因此,从含 0.5%Cu(5 kg) 的废钢中将所有 Cu 去除,需要 3.5 kg 的铝,这与从前每 t 废钢中使用特定的冰铜 4.5 kg 比,去除 Cu 的效果是一样的.

使用液态 Al 去除 Cu 与使用冰铜去除 Cu 相比,最主要的好处是在处理之后的对反应物的去除. 去 Cu 之后的剩余物 40%Al-60%Cu 合金,可以送入炼钢炉中实现 Cu 的回收,合金中的 Al 被渣化去除. 而利用冰铜脱除 Cu 之后的剩余物,其中的硫化物以及再循环利用却极不容易. 因此,确定哪项技术更有利,还需要一个特有的技术和对这些工艺技术的经济评价.

3.1.7 气-固相反应法(氯化法)

美国矿业局 A. D. Hartman 等人依据选择性氯化原理[101]利用空气-氯化氢混合气体去除废钢中固体铜. 从热力学上计算出理论工作温度为 900～1 173 K. 在此温度范围内可保证铜生成气体氯化铜而被去除,其中的铁则生成氧化物,并限制氯化铁的生成. 采用 73.6% 空气与 26.4%氯化氢混合气体处理经过破碎的汽车废钢(25 kg,含 Cu 0.45 kg),实验结果表明:923 K 时去铜率可达 92%,氧化的铁量为 4.5%～12%. 去铜率随着温度的提高而增加. 为防止铁损失过大,合适的工作温度为 1 073 K,以确保废钢表面形成氧化铁薄层(主要成分为四氧化三铁及少量的三氧化二铁和氧化亚铁). 防止铁与混合气体继续反应,并获得合理的蒸汽压,以保证气体产物排除. 此法在热力学上可行,但是气体 HCl 溶于水对管道的腐蚀作用很强,对反应器要求较高.

文献[102-104]作者根据氯化冶金原理,提出了以空气-氯气为氯化剂,采用气固相反应法去除废钢中的铜. 并通过尾气处理回收铜或铜的化合物,去铜效果很好. 在实验条件下,得到的最佳热力学条件为:处理温度 1 073 K,氯气含量 15%,并研究了氧化气氛下铜的氯化过程动力学特征. 该方法比日本松丸[105]等人提出的氧气-氯气法"更经济,更具有工业可行性".

3.2 钢水中铜、锡等元素的分离技术

3.2.1 气化(氨盐)分离法

气化分离法是利用铜的氯化物具有较高蒸汽压的性质而将铜与

铁分离的方法. 例如 Cl、HCl、NH$_4$Cl、NH$_3$ 等[106-107]

在钢液脱铜方法中,最有希望在生产中采用的是蒸发法或气化脱铜法. 在钢液或铁液中加入尿素或铵盐也能有效地促进铜的挥发. 文献[108]研究了新的脱铜剂,NH$_4$Cl 和 (NH$_4$)$_2$C$_2$O$_4$ 的脱铜效果都比较明显. 1 g 上述脱铜剂分别脱铜 0.37 g 及 0.25 g,而且氯化铵的脱铜效果比其他氨盐均好一些,图 3.3 和 3.4 分别为加入两种脱铜剂后钢液中铜含量的变化,可见两种氨盐在常压下都很难将铜含量降

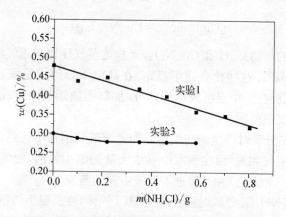

图 3.3   钢液铜含量随 NH$_4$Cl 加入量的变化

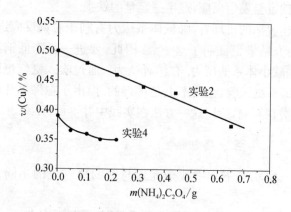

图 3.4   钢液铜含量随 (NH$_4$)$_2$C$_2$O$_4$ 加入量的变化[108]

至 0.3% 以下.

铵盐或氨基化合物(如尿素 NH_2CONH_2)的脱铜作用,是基于它们的分解产物 NH_3 在高温下的迅速分解,促使铜的蒸发. 其可能的脱铜机理[109-111]有以下 2 种:

(1) 氨分解的瞬间生成的、具有很高的热力学位的初生态氢和氮,与钢水中的铜有如下反应:

$$[Cu]+H^* = CuH(g), \tag{3.8}$$

$$[Cu]+6N^* =Cu(N_3)2(g), \tag{3.9}$$

反应生成的产物 CuH 和 $Cu(N_3)_2$,产物的蒸气压比铜蒸气压大得多,因而很快蒸发. 这些化合物很稳定. 在高温下分解成氢气、氯气和金属铜,铜沉淀在炉中温度较低的地方. 加料器前端表面呈现的暗红色条纹就是沉积的铜.

(2) 氨分解时产生的初生态氢和氮溶解到钢水中达到饱和,很快地结合成氢气和氮气,在钢水中形成大量的细小气泡,使气相和钢液的接触面积大大地增加. 促进了钢液中铜的蒸发.

此外,NH_4Cl 分解时还会产生 HCl 气体,在高温下与钢液中的铜生成气相 CuCl. 因此,氯化铵的脱铜效果优于其他铵盐和尿素. 同时氯化氢与铁也会发生反应,产生一定量的铁损.

从上述脱铜的机理看,降低体系压力有利于脱铜反应进行,文献[112]的研究结果也证明了这一点. 因此,要进一步降低钢液中的铜含量,必须减小体系的压力. 有作者认为:通过吹入氨气也可以从钢液中去 Cu,根据试验,在技术上是可行的. 但由于在炼钢环境中去除氨气是个潜在问题,所以这一方法在实践中并不可行.

3.2.2 真空分离法

利用真空状态下钢中残余元素与铁的蒸气压的不同而分离的方法.

奥利特[113]对二元合金的"蒸发系数"作了如下定义:

$$\alpha = \frac{\gamma_B}{\gamma_A} \cdot \frac{P_B^0}{P_A^0} \sqrt{\frac{M_A}{M_B}}, \tag{3.10}$$

其中,A 表示溶剂,B 是杂质,M_A,M_B 是它们的分子量,γ 为活度系数. 倘若杂质是金属,"蒸发系数"就是在相应的温度下纯物质的蒸发速率之比同它们的活度系数之比的乘积. 他归纳了 1 600 ℃时 Fe-i 系的 α_i 值,见表 3.1.

表 3.1　各 Fe-i 系在 1 600 ℃下的富铁端 α_i 值

i	Mn	Cu	Sn	Cr	S	As	Al	Ni	Co	Ti	V
α_i	960	100	33	3.5	3.2	3	0.77	0.3	0.18	3×10^{-3}	4×10^{-4}

发现 α_i 大于 1 的元素有 Mn、Cu、Sn、Cr、S、As;α_i 小于 1 的元素有 Al、Ni、Co、P、Ti、Si、V. 他所得的这些结果没有考虑到各种杂质共同存在的相互作用对活度系数的影响而改变 α_i 的情况,也没有考虑到有些杂质在一定氧压下能够生成低价氧化物挥发的影响.

文献[114]报道:1 873K 时,0.1%Cu 的铁液中,铜的蒸气压约 1 Pa. 在低压下(533 Pa),K_{Cu} 可达到 10^{-4} cm/s 数量级(3.8%C-1% Cu 熔体),将铜从 0.4% 脱到 0.2%,处理 50 t 铁液需要 30 min. 等离子高温下(2 043 K,0.13~0.65 kPa),在 1.5 kg 的含碳 0.5% 的钢液中[115],将铜从 0.4 脱到 0.11 需 60 min,脱到 0.04 需 120 min.

文献[116]报道过在 RH 及 AOD 的生产实践中发现几乎没有脱 Cu、Sn 的现象,在 266~665 Pa 真空度下,经过 63 min 的精炼,铜、锡、锑没有蒸发去除现象. 实际上不能期望通过真空处理途径来去除钢水中的铜和锡. 文献[117]对真空状态下的铜、锡的挥发进行了研究,认为无论是铜还是锡都无法通过挥发的方式来获得可以商业化的精炼工艺.

文献[118]报道在真空处理 ULC 钢的过程中,采用电动势法测量钢水中氧活度的方法研究钢水中脱锡,在金属熔体中含有 0.01%~0.03%氧的情况下,没有发现锡会以 SnO 的方式去除. 但发现 Fe-21.5%Si 熔体中锡的去除速度较高,其原因是因为锡在 Fe-

Si 熔体中的溶解度很小的缘故,并推测在铁-硅合金中回收含锡废钢或许可能成为一个新的办法. 文献[119]对 Fe‐Si 系的铜、锡挥发现象进行了研究,研究表明 Si 含量提高可明显促进 Cu、Sn 的挥发速率,但对铜来说有一个合适范围.

文献[120‐121]还报道过在真空状态下利用等离子加热的方式去除钢水中铜和锡的研究. 等离子脱铜的机理被认为是:在等离子加热的高温下,铁溶液中的铜或锡因挥发而去除,脱除速率受铁溶液中铜或锡的扩散控制.

3.2.3 熔铅法

熔铅法的基本原理是利用铜和锡与铅的亲和力大于与铁的亲和力,从而实现铜锡与铁分离的一种方法. 即有利用液态铅对废钢中固态铜去除的研究,也有对钢水中铜锡脱除的研究.

文献[122]在 1 453 K 情况下对液态铅脱除 Fe‐C 熔体中铜锡的情况进行了研究. 图 3.5 为铜在碳饱和铁溶液相的含量与在铅溶液相含量的关系,图 3.6 为铜在两相之间的分配比与铅溶液相中铜含量的

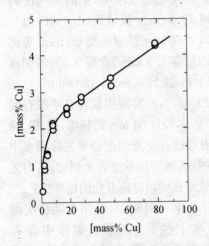

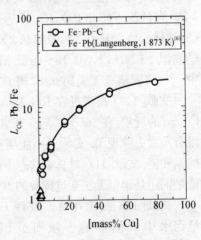

图 3.5　1 453 K 时铜在富铁相的溶解度与富铅相铜含量的关系[122]

图 3.6　1 473 K 时铜在富铅相和富铁相之间的分配比[122]

关系.铜在两相中的分配约比为 2.16.铅熔体与铁熔体之间存在着一个不相混溶区.

文献[122]认为:在铅液与碳饱和铁溶液 1∶1 配比的情况下,铅液可以将铁溶液中的铜、锡脱除约 70%.富铁相的组成约为 95.4%Fe‐4.5%C‐0.1%Pb,铅液为 99.9%Pb‐0.1%Fe.两相分离良好.

3.2.4　CaO‐CaC$_2$ 法(钙反应法)

通过向钢水加金属钙、卤化钙或含钙渣混合物等各种方法,在一定范围内可以去除锑、砷、锡等残余元素.Engell 和他的合作者们[123-124]讨论了用金属钙,高压去除残余元素的方法.高压环境下的炼钢设备操作问题考虑起来相当复杂.去除如锑、砷、锡元素最有效的方法就是向钢水中加入碳化钙[125].Load 等人做了大量实验,表明在 1 600 ℃时,向 15 kg 的钢液中按 24.5 kg/t 的比例加入碳化钙,可去以除这些元素.从钢液中去除这些残余元素的一般化学反应为

$$CaC_2+(n/(n+1))[X]=\!=\!=(n/n+1)\,Ca_{(n+1)}X_n+2[C],$$
$$(3.11)$$

式中:X=Sn 时,n=1;X=As 或 Sb 时,n=2.利用热力学数据,可能确定出当加入碳化钙之后,锡的平衡量.当 X=Sn 时将这些数据代入反应式(3.11),可以看出,1 600 ℃锡的含量可以通过下式得到:

$$[\%Sn]=2.37\times10^{-5}[\%C].\qquad(3.12)$$

按照反应式(3.11),锑、砷、锡的反应速度比较慢,实际上也的确如此.而且,反应式(3.11)的反应机理分为两个步骤,残余元素浓度一般估计在 0.05% 以下.下面仔细研究一下加入碳化钙后去除残余元素的两个步骤.首先,碳化钙在钢液中分解产生游离钙,接着与钢液中游离的残余元素发生如下反应:

$$[Ca]+(n/(n+1))[X]=\!=\!=(n/n+1)\,Ca_{(n+1)}X_n,\quad(3.13)$$

式中：$X=Sn$ 时，$n=1$；$X=As$ 或 Sb 时，$n=2$.

事实上以反应式(3.13)表示这些残余元素的反应，可以取代反应式(3.11). MacFarlane 和 Pickles[126] 发现，当向覆盖在钢液面上的渣中加入碳化钙(浓度在 27% 以上)，无论是对于锑还是锡都会被去除. 随后的研究表明，钢中的游离钙的浓度非常接近钢渣界面. 因此，反应式(3.13)在钢渣界面上反应程度可以忽略不计，因此在这一试验中，锑、锡几乎不发生反应是不足为奇的.

通过热力学数据计算，与反应式(3.13)相对应的锡与钙的溶解浓度关系为

$$[\%Sn]=3.9\times10^{-5}/[\%Ca]^2. \tag{3.14}$$

根据热力学数据可以得出相似的结论，钢中游离砷与钙的浓度关系，根据反应式(3.13)计算得出：

$$[\%As]=2\times10^{-7}/[\%Ca]^{3/2}. \tag{3.15}$$

3.2.5 过滤吸附法

熔体过滤法的主要依据[127-131]在于钢液中的铜元素(或其合金)比铁元素与某种陶瓷材料具有较小的润湿角，较大的黏附功，因而在钢液与陶瓷的界面处形成富铜相，而达到脱铜的目的，其基本原理是选择性吸附.

这样，可以利用这些耐火材料吸附钢液中的铜. 文献[132]中的实验用一定量的 Zn - Al_2O_3 - Al 或 Zn - Al_2O_3 - C 作为脱铜剂，结果表明：每 g 脱铜剂大约可脱铜 0.23 g.

熔体过滤法具有一定的脱铜效果，其中配比为 Al_2O_3：ZnO：$C=45：45：10$ 的 ZnO - C - Al_2O_3 系脱铜剂脱铜效果较好. 脱铜效果与脱铜剂的加入方式也有很大关系，其中钢管仿喂丝法脱铜效果较好. 10 kg 感应炉实验中每 g 脱铜剂脱铜量达到了 0.78 g. 包覆线喂丝法脱铜效果次之，脱铜量达 0.31 g，但从实用角度看，还需进一步

的开发研究.

3.3 铁与锡的元素分离技术

回收废钢中含有锡的废料主要是马口铁,其来源是工厂的边角废料和旧罐头盒等各种包装容器,这种废料中含锡量大约在 0.5%~2%. 随着各种涂(镀)材料的广泛应用,从废弃家电、汽车面板等废料中回收的废钢中也含有较多的锡元素. 目前在工业上采用的主要方法有:碱性电解液电解法、碱性溶液浸出法和氯化法.

3.3.1 碱性电解液电解法[133]

这是目前工业上采用较广泛的方法,它是以 $NaOH$、Na_2SnO_3 及 Na_2CO_3 的水溶液为电解液,用马口铁废料作阳极,铁板作阴极. 通过直流电,阳极上的锡溶解生成 Na_2SnO_2 和 Na_2SnO_3,由于 SnO_2^{2-} 和 SnO_3^{2-} 不稳定,容易水解生成 $HSnO_2^-$ 和 $Sn(OH)_6^{2-}$,故实际上阳极溶解的反应为

$$Sn+3OH^-\!\!=\!\!=\!\!HSnO_2^-+H_2O+2e, E^0=-0.91\ V, \quad (3.16)$$

$$HSnO_2^-+3OH^-+H_2O\!\!=\!\!=\!\!Sn(OH)_6^{2-}, E^0=-0.93\ V,$$
$$(3.17)$$

下列反应比较容易进行:

$$2HSnO_2^-+2H_2O\!\!=\!\!=\!\!Sn+Sn(OH)_6^{2-}, \quad (3.18)$$

故在电解液中,锡主要成四价离子形式,即 $Sn(OH)_6^{2-}$. 在阴极,由于氢离子超电压大及其在电解液中的浓度小,故主要是 $Sn(OH)_6^{2-}$ 接受电子,锡被还原:

$$Sn(OH)_6^{2-}+4e\!\!=\!\!=\!\!Sn+6OH^-, \quad (3.19)$$

电解过程中,槽电压不断变化,从 0.5 到 2.5 V,这是由于阳极锡溶解

后,出现阳极钝化的结果. 经过工厂实践和研究,电解液成分趋向于下列成分:5%～6%游离 NaOH,1.5%～2.5% Na_2SnO_3 和小于 2.5%的 Na_2CO_3,总碱度为 10%. 在此条件下,电流密度采用 100～130 A/m^2.

碱性电解法所产阳极泥一般含 20%的锡,可以和海绵锡熔化渣合并,用还原法或其他方法处理回收其中的锡. 该法处理马口铁废料的总回收率可达 90%～95%,电解过程电能消耗为 3 000～4 000 kWh/t 锡,电流效率 90%,苛性碱消耗为 750～950 kg/t 锡.

3.3.2 碱性溶液浸出法

该法是用热的 NaOH 溶液溶解马口铁,锡生成 Na_2SnO_3 溶液与铁皮分离,反应为

$$Sn + 2NaOH + H_2O === Na_2SnO_3 + 2H_2. \qquad (3.20)$$

此反应氢的超电压大,进行缓慢,加入氧化剂,可以加速反应的进行.

$$Sn + 2NaOH + O_2 === Na_2SnO_3 + H_2O. \qquad (3.21)$$

因此,碱性浸出过程要选择合适的氧化剂,工业上曾经提出各种氧化剂,如 PbO、$Pb(C_2H_3O_2)$、MnO_2 和 $NaNO_3$ 等,其中以 $NaNO_3$(硝石)的效果最好. 硝石容易分解:

$$2NaNO_3 === 2NaNO_2 + O_2, \qquad (3.22)$$

放出的氧和亚硝酸钠都具有氧化作用. 浸出时的反应如下:

$$4Sn + 6NaOH + 2NaNO_2 === 4Na_2SnO_3 + 2NH_3. \qquad (3.23)$$

从碱性浸出溶液中回收锡,一般采用沉淀法或者不溶阳极法. 沉淀法中应用不同的沉淀剂,如 CO_2、$NaHCO_3$、$Ca(OH)_2$ 和 H_2SO_4 等,反应为

$$Na_2SnO_3 + CO_2 === SnO_2 \downarrow + Na_2CO_3, \qquad (3.24)$$

$$Na_2SnO_3 + 2NaHCO_3 \Longrightarrow SnO_2 \downarrow + 2Na_2CO_3 + H_2O, \quad (3.25)$$

$$Na_2SnO_3 + Ca(OH)_2 \Longrightarrow CaSnO_3 \downarrow + 2NaOH, \quad (3.26)$$

$$Na_2SnO_3 + H_2SO_4 + 2H_2O \Longrightarrow Sn(OH)_4 \downarrow + Na_2SO_4 + H_2O, \quad (3.27)$$

沉淀产物经还原熔炼,即可获得金属锡.

该法中获得的金属锡,每 t 金属的材料消耗为:苛性钠 4.25 t,硫酸 2.5 t,硝石 0.85 t. 此方法与其他方法相比的优点是设备简单,且可以处理不同类型的马口铁废料,缺点是溶液和洗液体积大,消耗较多的燃料.

除了沉淀——还原熔炼方法外,也可以不溶阳极电解法直接从浸出溶液中回收锡. 根据工厂实践资料,阴极锡的成分为 99.85%锡,电流效率平均为 70%,而电能消耗为 4 000 kWh/t 锡[134].

3.3.3 氯化法

氯化法处理马口铁废料是以氯气对锡的亲和力比较大,$SnCl_4$ 沸点低(113 ℃)作为基础的,其在常温条件下也有较大的蒸气压,易于与铁分离.

氯化过程的反应如下:

$$Sn + 2Cl_2 \Longrightarrow SnCl_4 + 532.414 \text{ (kJ)}. \quad (3.28)$$

这个过程的重要条件之一是要求处理的废料不含水分和有机物,如纸、油漆等,否则氯也会与铁起作用:

$$Cl_2 + H_2O \Longrightarrow 2HCl + 1/2O_2, \quad (3.29)$$

$$Fe + 3HCl \Longrightarrow FeCl_3 + 3/2H_2, \quad (3.30)$$

虽然从化学反应来看,氯化法是很简单的过程,但实践却很不容易. 氯化反应伴随着热量的大量放出,而高温对于反应是有害的. 一方面 $SnCl_4$ 在 113 ℃沸腾,另一方面,高温(大于 40 ℃)就会有利于铁发生氯化作用. 因此,氯化过程必须排出产生的过剩热量,使反应在比较低的温度下进行,通常是 38 ℃. 其次,反应进行时,伴随着 $SnCl_4$ 生成,气体体积减少,反应器内的压力便减少了. 氯化过程送入的气体必须逐渐加压,而反应的结束可以从降压停止来判断.

某工厂采用较小的反应器,一次处理 3 t 马口铁,其操作特点是采用真空法. 即装入马口铁后,抽真空排出空气,然后间断地送入氯气,每批 8~10 kg/h,视反应的情况而定,整个过程共需 8~9 h 完成. 锡的氯化效率为 97%~99%,处理后的马口铁含 0.05%~0.1%锡,经洗涤后送炼钢厂.

氯化法产出的 $SnCl_4$ 经蒸馏净化后可作为药剂出售,也可以用置换法或不溶阳极电解法生产金属锡.

3.4 其他元素的分离技术

3.4.1 废钢中锌的去除技术[135]

工业界对镀锌钢回收能力的关注使美国钢铁学会技术委员会于 1980 年成立了一个工作组来解决这一问题,以保证对这种废钢具有连续回收能力. 在初期,工作组的任务是明确电镀废钢在电弧炉(EAF)、氧气顶吹转炉(BOF)中的应用以及铸造操作问题,包括环境方面的问题,并探索关于在熔炼废钢之前去除锌的问题. 目前将炉尘用于土地填埋的作法几乎使每个钢铁联合企业的铁收得率都降低 1%以上.

工业生产中还有几种含锌废钢资源. 例如,镀锌厂产生的卷尾、切边和小型卷. 而且,这些工厂大多数能生产各种涂镀制品,包括传统的热浸镀层、镀锌层扩散退火处理及电镀铁——锌和锌——镍合金制品. 这些制品常常汇入工厂的废钢系统. 这仅代表 2%~5%的镀锌钢产品,边角余料废钢也包含这些成分.

随着汽车工业的发展,镀锌钢板在汽车用钢中的比例增加. 例如,通用汽车公司的冲压厂一年可生产 16×10^5 t 的废钢,但仅有

16％被分离,卖掉或是内部消耗.通常情况下,约有 15％～20％的板材作为边角余料废钢返回,并且大部分被混合,即无镀层品种、热浸镀锌和电镀锌品种随机混合.日本丰田公司汽车用镀锌钢板由 1975 年的不到 10％增加到 1990 年的 80％以上.镀锌量由 1975 年的 30～40 g/m² 上升到 1990 年的 60 g/m². 这势必造成废钢中锌含量的增加,给冶金企业带来一系列不利因素.例如,缩短炉衬寿命,恶化工作条件,降低浇注质量等.从通用汽车公司最近购买的 100 t 1 号破碎工业废钢中随机选取的 20 个样品的锌含量范围为 0％～7％,平均锌含量为 2.39％.

因此,在废钢入炉前除锌是很有必要的.锌的去除方法大致有机械去除法、蒸汽压法和电化学法.

(1) 机械去除法.此法多采用喷丸技术.其理论依据是:在 923 K 温度下,锌与铁可形成脆性的相间化合物,因此可通过机械法将锌和铁分离.实验结果表明:在 1 023 K 仅靠烘烤可去锌 23％,室温下喷丸处理可去锌 30％.如果两者结合,在 973 K 烘烤后喷丸 2 min 即可去锌 67％;1 023 K 烘烤后喷丸 5 min 可除去锌 87％.可见喷丸直接影响去锌的效果,适宜的温度为 973～1 023 K.

(2) 蒸汽压法.锌具有较高的蒸汽压,可在废钢熔化过程中将其以炉气的形式去除.但考虑到锌在钢液中的存在会缩短炉衬寿命,恶化工作条件,一般应在入炉前将其去除.

(3) 电化学法.如果着眼于回收再利用锌,则多采用电化学方法.在经济上和技术上行之有效的方法是碱液浸析技术.首先对废钢通电使锌溶解于 NaOH 溶液,此时锌以锌酸钠形式存在,然后再电解母液.使锌在阴极上以粉状沉淀析出.此法的去除效果很大程度上依赖于废钢的打包密度、处理时间和搅拌强度.

欧洲发展了去锡和去锌电解系统,工业性设备能力达 18×10^4 t/a. 荷兰开发的碱洗电解工艺的实验工厂,1996 年共处理镀锌钢板 8 000 t. 到 1997 年 2 月,日处理能力已达 3 000 t. 处理后的废钢锌含量为 55×10^{-6},钠含量为 5×10^{-6},回收的锌压块中含锌及锌氧化物

99％以上.

3.4.2 其他元素的去除

通过喷入苏达粉可以将钢液中的砷和锑去除,钢液中去除砷和锑反应式如下:

$$2[X] + 5[O] + Na_2CO_3 =\!=\!= Na_2OX_2O_5 + CO_2(g), \quad (3.31)$$

式中: $X = As$ 或 Sb.

Zhao[136]的研究表明,向钢液中喷入苏达粉 30 min 后,锑的浓度可以从 0.1％降到 0.01％,由于没有反应式(3.31)的热力学数据,所以无法确定向钢液中加入苏达后的锑或砷的去除程度. 然而,Zhao 的研究证实了向钢液中加入苏达粉后,锑、砷是可以去除的.

3.5 本章小结

本章对金属循环利用过程中金属元素的分选与分离技术进行了综合论述. 各种分选方法和元素分离技术均具有一定的适用范围和局限性,到目前为止,还没有一种可以应用于生产的、实用的脱铜或脱锡技术. 现将本章所述的方法归纳如下:

固态下单质金属分离技术对于种类繁多、数量大、体积小的回收废钢而言,其效率低、劳动强度大. 而且该法不适用于合金材料、复合材料、涂(镀)层材料的元素分离.

冰铜(硫化物)反应法: 适用于处理含大量暴露铜的小块废钢,黏附于废料上的少量冰铜需要通过酸洗去除. 此法需要大量的冰铜,脱Cu 之后的剩余物再循环利用极不容易,且必须要从钢液中脱 S 而使得该法在实践中难以成功应用.

熔铝(铅)法: 使用液态 Al 脱铜与使用冰铜脱铜相比,最主要的好处是在于处理之后对反应物的处理. 脱铜之后的剩余物 40％Al - 60％Cu 合金,可以送入炼钢炉中实现铜的回收,合金中的铝则会通过渣化而被去除. 但工艺的总成本和总铁损有待论证. 熔铅法脱除效率较低, 铅使用量大, 受诸多环境因素影响, 难以实际应用.

气化分离法 (包括 Cl、HCl、NH_4Cl 等法): 氨盐在常压下很难将钢水中的铜含量降至 0.3% 以下. 要进一步降低钢液中的铜含量, 就必须减小体系的压力. 此法在热力学上可行, 但 HCl 具有强烈的腐蚀性, 而且工艺复杂、环节多, 所用气体污染环境, 腐蚀设备, 对反应器要求较高, 所以这一方法在实践中并不可行.

真空分离法: 在 RH 及 AOD 的生产实践中发现几乎没有脱 Cu、Sn 的现象; 在真空状态下, 即使利用等离子加热的方式去除钢水中的铜和锡, 也无法实现元素的有效分离, 该方法铁损失较大, 脱除速度较慢, 难以实现工业化.

CaO-CaC_2 法: 熔渣中需配有 CaF_2, 而使该法的实际应用中很难解决其环保问题, CaC_2 的成本也过高.

熔体过滤法: 脱除效率较低, 过滤吸附剂消耗大, 研究尚不充分.

碱性电解法和碱性溶液浸出法: 适用于涂 (镀) 锡钢板的脱锡, 苛性碱消耗大. 碱性电解法电能消耗为 3 000~4 000 kWh/t 锡, 苛性碱消耗为 750~950 kg/t 锡; 溶液浸出法每 t 金属锡的材料消耗为, 苛性钠 4.25 t, 硫酸 2.5 t, 硝石 0.85 t, 缺点是溶液和洗液体积大, 消耗较多的燃料.

由以上的论述可以看出, 为了脱除钢水中的铜、锡等有害残存元素, 冶金中可以采用的各种方法 (包括条件苛刻的氯化法、氨盐法等) 均进行了研究. 但是到目前为止, 还没有一项可以实际应用的脱除技术, 这些方法或是因为脱除效率低下、成本高昂, 或是因为条件苛刻而无法进一步发展. 因此, 钢水中的元素分离技术必须寻找新的途径.

第四章 渣化法分离钢水中有价金属元素的理论基础

由第三章的论述可以知道,世界各国的学者已经开展了许多针对钢液中脱除铜、锡、砷、锑、铋等有害残存元素的技术研究.其中研究较多的是钢水中的脱铜(锡)技术,这其中有物理分离法、熔化分离法(熔铝法、熔铅法)、气化分离法(Cl、HCl、NH_4Cl等)、CaO-CaC_2法、真空脱除法、冰铜(硫化物反应法)反应法、过滤吸附法等等.但这些方法中大部分采用的是针对某一元素的分别提取的技术路线,有些方法脱除效率较低、工艺复杂、成本高昂,有些无法适应大批量的处理,有些则会产生附加的环境问题等,所有这些技术主要限于实验室试验研究,至今还没有一种令人满意的经济实用的脱除技术.

徐匡迪等学者在文献[137]中提出了先渣化再还原的分离黑色金属与有价金属元素的思路,该法的基本原理是选择性氧化原理.根据Cu、Sn、As、Sb、Bi等元素在炼钢过程中不易氧化而留存于钢液中的特点,将Fe元素氧化入渣,而将Cu、Sn等元素富集在钢水残液中,从而实现Fe与Cu、Sn等有价金属元素的分离.然后将获得的纯净富FeO熔渣转入另一反应器,采用氢还原的方式将铁还原出来并精炼成纯净钢.而Cu、Sn等有价元素在残液中的富集也有利于降低它们的提取难度和回收成本.

本章将对铁溶液中元素的选择性氧化原理进行论述,在对废钢形成的金属熔体中常见体系的热力学性质、富FeO熔渣的物理化学性质进行分析的基础上,选择了渣化过程的熔渣体系.

4.1 渣化法分离黑色金属与有价金属元素的基本原理

渣化法的基本原理是铁溶液中元素的选择性氧化原理. 我们知道恒温恒压条件下,一个反应能否自发发生取决于该反应的吉布斯自由能变化:

$$\Delta G = \Delta G^0 + RT \ln Q, \tag{4.1}$$

式中: Q 为实际条件下物质的压力比或活度比, ΔG^0 为标准状态下体系的吉布斯自由能.

为了直观地分析和考虑各种元素与氧的亲和力,了解元素之间的氧化和还原关系,比较各种氧化物的稳定顺序,Ellingham 将氧化物的标准生成吉布斯自由能 ΔG^0 数值折合成元素与 1 mol 氧反应的标准吉布斯自由能变化 ΔG^0($J \cdot mol^{-1} O_2$). 这类反应可以写成如下的通用式:

$$\frac{2x}{y}M + O_2 = \frac{2}{y}M_X O_Y, \tag{4.2}$$

式中,M 和 $M_X O_Y$ 分别表示金属和金属氧化物. 若 M 和 $M_X O_Y$ 活度为 1,即纯金属和纯金属氧化物,则上式的平衡常数与体系中氧的平衡分压成反比.

$$K = \frac{1}{P_{O_2}}. \tag{4.3}$$

用焓变和熵变表示,则有

$$RT \ln P_{O_2} = \Delta H^0 - T \Delta S^0, \tag{4.4}$$

ΔH^0 和 ΔS^0 随温度的变化不大,所以体系的氧势基本上是温度的线性函数. 但在金属或金属氧化物的转化点、熔点和沸点,氧势线的斜率有一突变.

将 ΔG^0 与温度 T 的二项式关系绘制成氧势图. 用图解形式汇集

自由能数据的优点,首次是 Ellingham 提出的,后来 F. D. Richardson 和 J. H. Jeffes 又作了更为详细的说明. 图 4.1 是在标准状态下,即参加反应的物质及生成物均为纯物质时绘制的,因而对于有溶液参加的反应则不再适合. 对于溶解在液态铁中的元素和溶解在渣中的氧化物,必须考虑它们在铁和渣中的活度. 为了分析比较炼钢过程中元素的氧化规律,该图绘制铁液中元素被氧气直接氧化或被溶解态的氧间接氧化的氧势图.

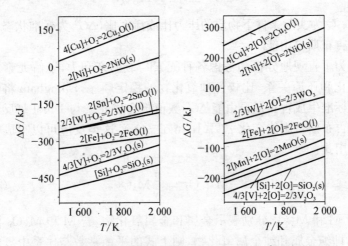

图 4.1　铁溶液中元素直接氧化和间接氧化的 ΔG^0 与 T 关系图

　　图中每条直线表示铁溶液中的元素与氧在标准状态下,氧化反应的氧势和温度的关系. 利用此图可以确定标准状态下,熔池中元素氧化形成的氧化物的稳定性或氧化的顺序. 即位置越低者越稳定,而该元素越易于氧化. FeO 是炼钢熔池内的主要氧化剂,所以比较(FeO)和(M_XO_Y)氧势线的相对位置,就可以确定元素在不同温度条件下,氧化的热力学特性:

　　(1) 在 FeO 氧势线以上的元素基本不能氧化.

　　[Cu]、[Ni]、[Mo]、[W] 等氧化的 ΔG^0 线均在[Fe]线之上. 因此从热力学角度讲,吹氧时上述元素均不被氧化,而被[Fe]保护起来.

故若铁水中含有[Cu]、[Sn],用常规的炼钢方法是无法去除的,必须采取一些其他技术手段去铜、锡.

(2) 在 FeO 氧势线以下的元素均可以氧化,但氧化难易的程度有所不同,并随着冶炼条件的不同而有变化. 如 C、P 可以大量氧化, Cr、Mn、V 等氧化的程度随冶炼条件而定,Si、Ti、Al 等基本上能够完全氧化. 因此,后列元素能作为钢液的脱氧剂.

(3) 3 种氧化剂中,以直接氧化最易进行,因为它的 ΔG^0 或氧势最低. 所以吹氧时元素氧化的强度最大.

(4) 当熔池中多种元素共存时,一般是形成氧化物(M_XO_Y)氧势最小的元素首先氧化. 而其氧化强度随着温度的升高而减弱. 元素氧化的顺序还将受活度的影响.

元素的浓度(活度)相同时,氧势较小的先氧化或强烈氧化;而元素浓度(活度)不同时,浓度(活度)高的,其氧势较小,最先氧化. 另外,形成的氧化物成凝聚相,在熔渣中溶解,其活度降低,使其氧势减小,也能利于元素的氧化. 如果形成的氧化物是纯固相,在熔渣中也不溶解,而覆盖在熔池表面,则会阻碍元素的氧化. 氧化反应达到平衡时,所有元素氧化物的氧势相等,故有下列关系存在:

$$P_{O_2}^{1/2} = \frac{a_{M_1O}}{K_1^0 a_{M_1}} = \frac{a_{M_2O}}{K_2^0 a_{M_2}} = \cdots = \frac{a_{FeO}}{K_{Fe}^0 a_{Fe}}. \tag{4.5}$$

因此,K 值大的元素,其分配常数(a_{MO}/a_M)亦大,而元素氧化达到平衡时,在渣中富集的浓度大. 相反,则在铁液中富集的浓度大. 冶金过程中从未发现所有存在的相都完全达到平衡的状况,炼钢炉中主要有 4 个相:气体、熔渣、金属和耐火材料. 这些相之间各种反应的速度有差别,只有少数反应接近平衡. 但是,这种复杂情况并不妨碍将基本定律用于体系中平衡已经建立的那个部分,可以从局部反应平衡的观点来研究这些反应进行的情况.

实际的铁溶液在氧化过程中并非完全按照氧势大小的顺序进行氧化,比如在硅、锰氧化的同时,铁也会氧化,这和热力学表观上的推论是有矛盾的. 我们知道实际过程是由于动力学条件所决定的,在铁氧化的同时,铜、锡也会部分地氧化,只要铜、锡原子有与氧气直接接触的条件,它们就会被氧化,其氧化的程度则受其动力学条件限制. 铜、锡、铁等元素的氧化反应为[138-140]

$$2Cu(l) + 1/2O_2(g) = Cu_2O(l),$$

$$\Delta G^0 = -121\ 695 + 43.67T \text{ (J/mol)}, \tag{4.6}$$

$$Sn(l) + 1/2O_2 = SnO(l),$$

$$\Delta G^0 = -274\ 500 + 93.3T \text{ (J/mol)}, \tag{4.7}$$

$$Fe(l) + 1/2O_2 = FeO(l),$$

$$\Delta G^0 = -256\ 060 + 53.68T \text{ (J/mol)}. \tag{4.8}$$

溶液中的铜、锡若以 1% 浓度为标准态,则应考虑元素在铁溶液中的溶解自由能. 铜、锡的标准溶解自由能[141]:

$$Cu(l) = [Cu] \quad \Delta_{sol}G^0 = 33\ 470 - 39.37T(\text{J/mol}), \tag{4.9}$$

$$Sn(l) = [Sn] \quad \Delta_{sol}G^0 = 15\ 980 - 44.43T(\text{J/mol}). \tag{4.10}$$

根据选择性氧化原理,形成的铜、锡氧化物一旦与其他易氧化元素相遇,则会被这些元素还原而重新进入钢水. 从热力学上来说,ΔG^0 线在铜以下的都可以作为铜氧化物的还原剂,可以用如下的通式表示其还原过程:

$$(Cu_2O) + [X] = 2[Cu] + (XO), \tag{4.11}$$

式中,X 可以是 C、Si、Mn、Fe 等等元素. 根据该式的平衡常数即可以写出达到平衡时铜在渣金之间的分配比. 锡的情况与之类似,不再赘述.

式(4.11)的反应平衡常数可以写为

$$K = \frac{a_{Cu}^2 a_{XO}}{a_X a_{Cu_2O}}. \tag{4.12}$$

由上式可以写出元素在渣金间的分配常数,分配常数是由出现在熔渣-金属溶液间的平衡常数得出的,可由它进一步得出元素反应形成凝聚态化合物时,反应的热力学条件及计算反应的平衡浓度.

以铁还原氧化铜为例,由式(4.6)、(4.8)和(4.9)可以得出其反应为

$$1/2[Fe]+(CuO_{0.5})=1/2(FeO)+[Cu], \qquad (4.13)$$

$$\Delta G^0=-33\,713-34.37T(J/mol). $$

从反应的 ΔG^0 可以看出,在炼钢温度下这是一个强烈向右进行的反应. 反应的平衡常数为

$$K_P=\frac{a_{FeO}^{1/2}a_{Cu}}{a_{Fe}^{1/2}a_{CuO_{0.5}}}=\left(\frac{a_{FeO}}{a_{Fe}}\right)^{1/2}\cdot\frac{f_{Cu}[Cu\%]}{\gamma CuO_{0.5}(CuO_{0.5}\%)}, \quad (4.14)$$

所以有:

$$L_{Cu}=\frac{(CuO_{0.5}\%)}{[Cu\%]}=\frac{1}{K_P}\cdot\left(\frac{a_{FeO}}{a_{Fe}}\right)^{1/2}\cdot\frac{f_{Cu}}{\gamma CuO_{0.5}}. \qquad (4.15)$$

由此可以看出,反应平衡时影响铜元素在渣金间分配的因素. 除了温度的影响因素外,铜在渣金间的分配还受金属熔体中的 a_{Fe}、γ_{Cu} 以及熔渣中的 a_{FeO} 和 $\gamma CuO_{0.5}$ 的影响. 与此类似,可以写出:

$$[Fe]+(SnO)=[Sn]+(FeO), \qquad (4.16)$$

$$\Delta G^0=34\,220-84.05T(J/mol), $$

$$L_{Sn}=\frac{(SnO\%)}{[Sn\%]}=\frac{1}{K_P}\cdot\frac{a_{FeO}}{a_{Fe}}\cdot\frac{f_{Sn}}{\gamma SnO}. \qquad (4.17)$$

尽管铜、锡冶金中对 $\gamma CuO_{0.5}$、γSnO 的影响因素进行了广泛的研究[142-152],但至今熔渣中的成分对活度系数影响研究的还很不充分[150],且研究都是针对硅酸盐系或铁酸盐系进行的研究,研究温度多在 1 000～1 300 ℃范围内. 对于富 FeO 熔渣研究的甚少,对于炼钢温度 1 550～1 650 ℃范围内的研究更是鲜见.

计算反应(4-13)和(4-16)的 K_P 列于表 4.1 中，

表 4.1　标准状态下反应(4.14)(4.17)的 K_P

温度/K	1 823	1 873	1 923
反应(4.13)	577.09	544.60	514.40
反应(4.16)	2.54×10^3	2.69×10^3	2.86×10^3

在本章的计算中暂时不考虑各种活度系数的变化，均假设其为 1，则可以计算出不同温度下反应达到平衡时铜、锡元素在渣金间的分配比，见表 4.2.

表 4.2　铜、锡元素的渣金分配比(设 $\gamma_{MO} = 1$ 时)

温度/K	1 823	1 873	1 923
L_{Cu}	0.001 73	0.001 84	0.001 94
L_{Sn}	3.94×10^{-4}	3.72×10^{-4}	3.50×10^{-4}

由表 4.2 可知，铜、锡元素的渣金分配比是很小的，这表明如果渣金反应能够充分进行，那么通过渣化的方法就可以实现铜、锡元素与铁元素的有效分离，从而实现铜、锡等有价金属元素在铁溶液中的富集.

许多学者对熔渣中的 $\gamma_{CuO_{0.5}}$ 进行过研究，但研究的结果有些分散，针对这种情况，Dessureault 曾对 Cu_2O 与 CaO、FeO、Fe_2O_3、SiO_2 二元体系的热力学数据和相平衡进行过优化[148]. Degterov 和 Pelton 也曾在文献[150]中对铜冶炼和铜转炉中的热力学数据进行过总结和优化. Yazawa 在文献[144]中认为 $\gamma_{CuO_{0.5}}$ 在铁酸盐熔渣中的数值约为 3～6，而在硅酸盐熔渣中约为 2～3. 在本论文第六章和第七章的计算中将考虑熔渣中活度系数大于 1 时的计算.

4.2 相关熔体的相图及其热力学性质

4.2.1 Fe‑Cu 系

图 4.2 是 Fe‑Cu 系的二元相图[153]. 从图中可以看出,在 900 ℃ 以下,纯铁可溶解少量铜形成固溶体 α 相,在 850 ℃ 与 γ 相($γ$‑Fe 中 含有百分之几的铜)具有共晶. 随着温度的升高,γ 相中溶解的铜量有 所增加. 在纯铜的一侧,在熔点以下,铜中溶解少量的铁,形成固溶体 ε 相. 此 ε 相随着温度升高溶解铁量增大,到达 1 094 ℃时为 $L+ε$,即 在 1 094~1 083 ℃由 $L+γ$ 转变为 $L+ε$,有固溶体 ε 相析出.

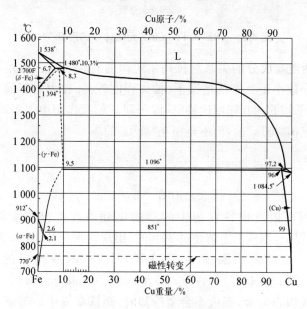

图 4.2 Fe‑Cu 二元系相图

对二元合金中的铁铜活度与溶液中铜的摩尔分数之间的关系见 图 4.3[154]. 可见该二元系是一个强烈偏离理想溶液的体系.

图中虚线是理想溶液的拉乌尔定律时活度与成分的关系. 该体

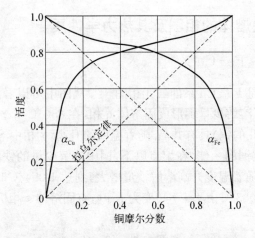

图 4.3　1 823 K Fe‑Cu 二元熔体中的活度[154]

系中的活度与成分的关系对拉乌尔定律的有较大的正偏差,特别是
在摩尔分数小于 0.2 的情况下,偏离程度较甚. 较大的正偏差表明:
铁‑铜原子间的相互作用比铁‑铁原子间的相互作用小得多,铁‑铜原
子间是互相"排斥"的,而不是相互"吸引"的.

4.2.2　Fe‑Sn 系

图 4.4 是 Fe‑Sn 系二元相图[155].

由图可以看出铁在锡中的溶解度随着温度升高而增加. 在
1 128 ℃以上,当铁的溶解超过 20%时,出现两液相分层区,分层区的
范围随温度的升高而缩小. 在 1 200 ℃ 时,两液相中的一层含
Fe 51.1% 和 Sn 48.9%,另外一层含 Fe 20.4%和 Sn 79.6%.铁锡互
溶后形成液态合金,当液态合金冷却时,则铁在锡中的溶解度降低,
析出过饱和的部分,由相图可以看出,温度不同,析出的晶体成分也
就不同. 图 4.5 是活度与体系锡的摩尔分数的关系图[156].

可见该体系也是一个强烈偏离理想溶液的体系. 图中对角连线
是理想溶液的拉乌尔定律时活度与成分的关系. 该体系中的活度与

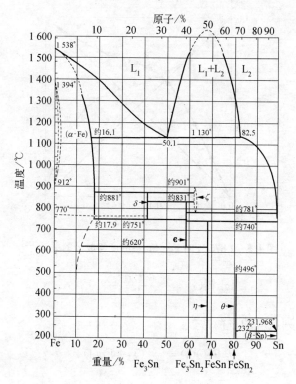

图 4.4 Fe‑Sn 二元系相图[155]

成分的关系对拉乌尔定律有较大的偏差.

4.2.3 Fe‑O 系[157-158]

氧气溶解在熔铁中时发生分解,即:

$$1/2O_2(g) = [O]. \qquad (4.18)$$

氧与铁有较强的亲和力,很容易生成铁的氧化物 FeO 和 Fe_2O_3,以独立的相析出. 不同的研究者用旋转坩埚测定了几乎是纯的铁氧化物熔渣下氧在熔铁中的极限溶解度,实验结果如图所示. 它只决定于温度,氧在熔铁中的极限溶解度与温度的关系可用下式表示:

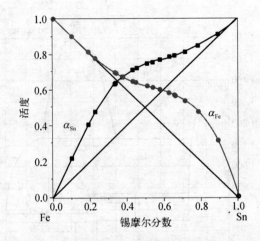

图 4.5   1 873 K 时 Fe‑Sn 系活度与成分的关系[156]

$$\lg[\%O] = -\frac{6\,320}{T} + 2.734. \tag{4.19}$$

这也是下列反应的平衡常数：

$$FeO(l) = [\%O] + Fe(l), \tag{4.20}$$

$$\lg K = \log\frac{[\%O]}{a_{FeO}} = \lg[\%O] = -\frac{6\,320}{T} + 2.734. \tag{4.21}$$

$$\Delta G^0 = 240\,274.6 - 104.0T \ (J\cdot mol^{-1}).$$

启普曼等用控制 H_2 和 H_2O 蒸气混合比的方法研究氧气溶解于熔铁中的反应和平衡关系，得出：

$$\log f_O = -0.20[O\%]. \tag{4.22}$$

4.2.4   Cu‑O 系[159]

按照氧在铜中的溶解反应：

$$O_{(Cu)} = 1/2\ O_2(g), \tag{4.23}$$

$$a_O = \gamma_O[O\%], \tag{4.24}$$

$$\log \gamma_O = -\frac{311.3}{T}[O\%], \tag{4.25}$$

故有： $$\log a_O = -\frac{311.3}{T}[O\%] + \log[O\%]. \tag{4.26}$$

按反应式(4.24)： $$K = \frac{P_{O_2}^{1/2}}{[O\%]}. \tag{4.27}$$

由此得：

$$\log \frac{P_{O_2}^{1/2}}{[O\%]} = -\frac{3\ 950}{T} + 0.584 - \frac{311.3}{T}[O\%], \tag{4.28}$$

$$\log P_{O_2}^{1/2} = -\frac{3\ 950}{T} + 0.584 - \frac{311.3}{T}[O\%] + \log[O\%]. \tag{4.29}$$

因此，在一定温度下，铜中溶解的氧的量与氧气分压 $P_{O_2}^{1/2}$ 成直线关系，氧在铜中溶解的热力学数据，实验研究者甚多，兹选择数据较近者列于表 4.3.

表 4.3　氧在铜中溶解的热力学数据[159]

ΔH^0 /kJ	ΔS^0 /J·K^{-1}	ΔG^0 /(J/mol, 原子)	氧溶解度/ (1 150 ℃, ×10^{-6})
−79.08	−13.39	−79 080+13.39T	7.725
−81.59	−15.56	−81 590+15.560T	7.21
−81.17	−15.89	−811 70+15.89T	6.886
−73.22	−9.288	−73 220+9.228T	7.79
−90.79	−23.05	−90 790+23.05T	6.57
−90.37	−22.175	−90 370+22.175T	约 7.05

图 4.6 是 Cu－O 系温度-等氧势状态图.

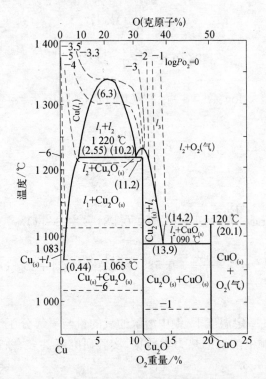

图 4.6　Cu－O 系温度-等氧势状态图[159]

　　从图中可知：在含氧量 0.06%～0.14% 时,体系生成 Cu(O) 固溶体外,Cu 与 Cu$_2$O 还生成共晶(温度 1 065 ℃). 随着温度的升高铜中溶解氧增多,并出现液态 Cu(O)＋Cu$_2$O$_{(S)}$. 当温度达到 1 200 ℃ 以上时,铜中饱和以 Cu$_2$O,即开始析出 Cu$_2$O,并发生分层现象,与二液相 $l_1＋l_2$ 共存. l_1 为铜中饱和以 Cu$_2$O；l_2 为 Cu$_2$O 中饱和以金属铜. 以含氧量计算,它们分别含有 2.55% 及 10.2% 的氧(1 220 ℃). 在 1 200 ℃ 以上,不溶合区范围缩小,至接近 1 400 ℃ 时,不溶合区密合为均匀的 Cu－O 熔体(含氧 6.3%,$\log P_{O_2}＝-3.3$). 当氧势 $\log P_{O_2}$ 由 -3 增加至 0 时,则液态 l_2 将与气相氧(O$_2$)共存.

前面介绍了 Fe‐Cu 系,Fe‐Sn 系的活度,在铁基的二元系中,仅考虑了组分和溶剂的相互作用. 但铁溶液中若含有多种金属元素,则要考虑各组分之间的相互作用,因为每个组分的活度系数会因其他组分的存在而改变,在计算铜、锡的活度时则应考虑各种元素之间的相互作用. 1 873 K 温度条件下,铁溶液中各元素与铜、锡元素之间的相互作用系数见表 4.4[157-158].

表 4.4　铁溶液内各元素对铜、锡元素的相互作用系数 e_i^j (1 873 K)

	C	Cr	Cu	H	N	O
Cu	0.066	0.018	−0.023	−0.24	0.026	−0.065
Sn	0.37	0.015		0.12	0.027	−0.11

	P	Pb	S	Si	Sn
Cu	0.044	−0.005 6	−0.021	0.027	—
Sn	0.036	0.35	−0.028	0.057	0.001 6

4.3　渣化法分离钢水中有价金属元素的渣系选择

如何造成流动性良好的、有利于渣铁分离的富氧化铁熔渣是实现铁与铜、锡等元素分离的关键问题. 根据渣化的目的,该熔渣应该是满足三个条件:一是要使铜、锡等元素在渣金间的分配比最低,以获得熔渣最大程度的纯净化;二是流动性能好、能够与金属液实现良好分离;三是要有较高的含铁品位、还原性能好,有利于下一步的还原冶炼.

由于废钢中总是或多或少地含有一些硅、锰、铝等元素,这些元素在渣化过程中它们不可避免地会进入熔渣. 为了获得流动性良好的、易于与钢水残液分离的富氧化铁熔渣,需要对熔渣的组成和性质有所研究.

　　渣化法获得的富 FeO 熔渣是以氧化铁为主要成分的熔渣,该工艺的目的是实现铁元素与有价金属元素的有效分离,并要将纯化后的富 FeO 熔渣还原利用. 因此,除了要将有价金属元素富集在钢水残液中以外,还希望获得易于下一步还原利用的矿物,按照铁氧化物的还原规律,我们知道矿物的还原性与矿物的种类和成分有很大关系,在选择渣系时应该考虑所获得矿物的还原性的好坏问题. 矿物的还原性是评价铁矿石或含铁矿物质量的重要指标之一.

　　已有的研究表明:铁氧化物中 Fe_2O_3, $1/2CaO \cdot Fe_2O_3$, $CaO \cdot Fe_2O_3$ 等矿物的还原性较好,而 $CaO \cdot FeO \cdot 2SiO_2$, $CaO \cdot FeO \cdot SiO_2$, $2CaO \cdot Fe_2O_3$ 等矿物的还原性较差,尤其是 $2FeO \cdot SiO_2$ 矿物结构致密、还原性不好、高温强度差. 正硅酸钙 $2CaO \cdot SiO_2$ 是含铁矿物中常见的,但却是应该尽量避免形成的一种矿物,$2CaO \cdot SiO_2$ 体系具有多种晶型,并且在晶型转变时伴有很大的体积变化,会破坏含铁矿物的强度,在矿物还原的过程中导致矿物粉化,破坏高炉或竖炉的气流分布. 而且该体系是非铁矿物,应该尽量避免. 因此,在渣化过程渣系的选择上,应该以能够获得 Fe_2O_3, $1/2CaO \cdot Fe_2O_3$, $CaO \cdot Fe_2O_3$ 等矿物形式存在的渣系为原则,避免形成 $2CaO \cdot SiO_2$ 等非铁矿物和 $2FeO \cdot SiO_2$ 等还原性较差的矿物.

　　图 4.7 是 FeO 与各种化合物形成二元溶液的液相线[152].

　　由图可见 CaO 是与 SiO_2 一样有效地降低熔渣体系熔点的化合物. 它可以大大降低所形成熔渣的液相线温度,同时也可以降低熔渣的密度,有利于实现渣金的有效分离. 现将渣化过程中可能形成渣系的相图分述如下:

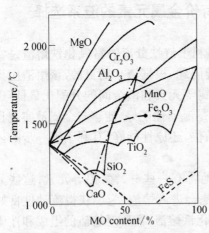

图 4.7　FeO - MO 二元系的液相线[152]

4.3.1 FeO-Fe$_2$O$_3$-CaO 系

该体系是炼钢过程中的一个重要渣系,对此体系的研究有很多[160]. 首先介绍与其相关的二元渣系. 图 4.8 是 FeO-CaO 系相图.

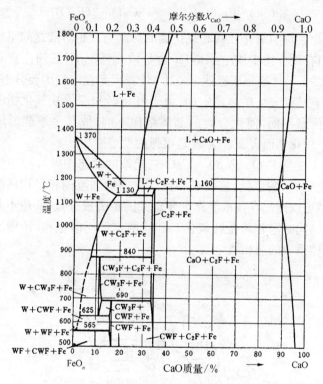

图 4.8 Fe$_n$O-CaO 状态图[160]

此体系不是真正的二元系,实际上是与金属铁平衡的 FeO-Fe$_2$O$_3$-CaO 系在 FeO-CaO 边的投影相图. 其中的 FeO 内溶解有 Fe$_2$O$_3$,用浮式体 FeO$_n$ 表示,而其内的 Fe$_2$O$_3$ 已经折算为 FeO($\sum w$(FeO)$=$ w(FeO)$+1.35w$(Fe$_2$O$_3$),1.35 为折算系数). 此系统的特点是两侧有较宽的固溶区,并且只在 1 130 ℃ 出现一个共晶点. 由图看出,随着

CaO 的加入可以很大程度地降低 FeO 的熔点. 此系统另外一个值得注意的是图中出现了一个异成分熔化的化合物铁酸钙 $2CaO \cdot Fe_2O_3$. 出现此化合物,表明系统不是二元系. 在 1 160 ℃在金属铁参与下,可以发生包晶反应,原子价的变换可用下式表示:

$$2CaO \cdot Fe_2O_3 + Fe = 2CaO + 3(FeO). \qquad (4.30)$$

在此系统中氧化亚铁和氧化钙的活度与理想溶液之间呈现负偏差,表明有化合物生成. 在 Fe_2O_3 含量较高情况下,必须注意到赤铁矿在 1 393 ℃时氧分压已达 0.021 MPa,因此在空气中要分解. 在较高温度下只有磁铁矿是稳定的. 由于氧化钙和三价铁氧化物中金属元素的价态不同,使化合物的晶体结构不同,故几乎不能形成固溶体. 对于氧化钙而言,Fe_2O_3 也是很强的助熔剂.

图 4.9 是 $FeO - Fe_2O_3 - CaO$ 三元系的状态图[142],图中给出了铁、氧化钙、铁酸二钙、磁铁矿和浮式体的饱和范围和各相区的等温线. 由图可以读出在技术上有重要意义的炉渣成分,这些渣不是被铁和氧化钙同时饱和就是被氧化钙和铁酸二钙同时饱和. 图中所示温度为该体系中的液相线温度.

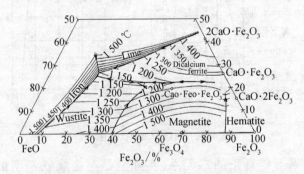

图 4.9　$CaO - FeO - Fe_2O_3$ 系状态图[142]

4.3.2　$FeO_n - CaO - SiO_2$ 系

该体系是炼钢过程中最重要的体系之一,由于废钢中或多或少地含有一定量的硅,因此该体系也是应该重点关注的体系. 图 4.10 是此渣系与金属铁的平衡时的状态图[160]. 该图是三元立体状态图的投影,但它包含了系统中所有的特性.图中把各个固相饱和面分开的相界线用实线绘出,成分在这条线上的熔渣在冷却过程中将析出一个以上的相;等温线用虚线画出. 图中还给出了在各个饱和面上与熔体平衡时析出的固相.

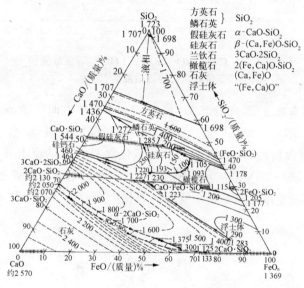

图 4.10　CaO‑FeOₙ‑SiO₂ 系状态图[160]

对于炼钢生产或金属液渣化过程,无论是讨论此系统中高氧化钙一侧渣的行为,还是研究金属与渣之间的反应,主要感兴趣的范围都在 1 600 ℃左右. 图 4.11 就是此等温界面,图中还给出了与金属铁平衡时的氧化亚铁的等活度线.

在高氧化钙一侧的多相区内绘出结线,这些线表明在硅酸二钙和硅酸三钙饱和的相区内液态渣与这些纯的固态化合物平衡共存. 图中的等活度线说明,二价铁氧化物在渣中形成非理想溶液. 如果从 FeO‑SiO₂ 二元系一侧出发,沿着二价铁氧化物含量等值线,例如

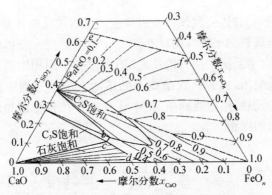

**图 4.11　CaO‑FeO‑SiO₂ 系 1 600 ℃等温截面和
二价铁氧化物等活度线[160]**

FeO50％等浓度线,向着 FeO‑CaO 二元系一侧方向移动,则 FeO 先
在 FeO‑SiO₂ 二元系中形成与理想溶液较弱的负偏差. 然后随着渣
中氧化钙含量的增加,渣中二价铁氧化物的活度迅速上升,并且在
FeO_n‑2CaO·SiO₂ 准二元系截面处达到最大值. 若再提高氧化钙含量,
活度重新变小,并且降到理想值以下. 氧化钙的等活度线绘于图 4.12.

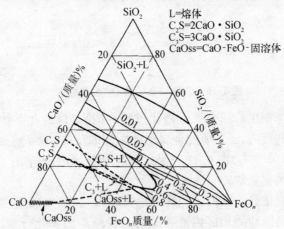

**图 4.12　1 550 ℃ CaO‑FeO_n‑SiO₂ 三元系等
温截面和 CaO 的等活度线[160]**

4.3.3 FeO - Fe₂O₃ - MgO 系

FeO - Fe₂O₃ - MgO 系对于炼钢炉衬用的镁砂质和白云石质耐火材料的性质有重要的工业意义. 图 4.13 是与铁平衡的 MgO - FeO 系和与空气平衡的 MgO - Fe₂O₃ 系状态图.

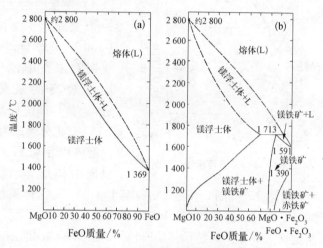

图 4.13 氧化镁-氧化铁状态图[160]

（a）与金属铁平衡时；（b）与空气平衡时

这两个系统也不是真正的二元系, 但是与 FeO - Fe₂O₃ - CaO 系一样也可以采取相同的观点加以处理. FeO 和 MgO 这两个组元都是氯化钠型的晶体结构, 而且点阵常数很接近, 因而它们之间可以完全互溶, 生成镁浮氏体. MgO 和 Fe₂O₃ 之间在固态同样也可以部分互溶, 生成一种尖晶石结构的镁铁矿. 此外, 镁浮氏体也可以固溶 Fe₂O₃, 这时 Fe³⁺ 离子进入 Fe²⁺ 离子点阵, 同时生成空位以保持电中性. 镁浮氏体在 1 600 ℃时, 可以从含氧的铁液中吸收 FeO 而高到 75% 的 FeO, 然后在一定的条件下, 又可以向脱氧后的熔体放出 FeO. 这样氧化镁起到了储氧器的作用. 活度测量表明, 固溶体和液熔体中 FeO 都接近理想溶液.

4.3.4 Cu_2O - Fe_2O_3 系

图 4.14 是 Cu_2O 与 Fe_2O_3 体系的相图,Cu_2O 的熔点为 1 230 ℃.

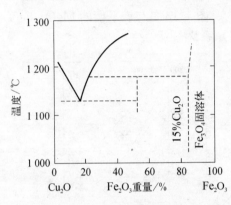

该体系中有一个 Cu_2O 与 Fe_2O_3 形成的固溶体,并在 Fe_2O_3 含量约为 20% 处有一个共晶点,温度约为 1 130 ℃. 化学计量的铁酸亚铜看来在中性气氛下比在较高的氧势下稳定[143,159],即使如此,它在 1 183 ℃ 也分解成为 Fe_3O_4 固溶体和熔体. Fe_3O_4 可以呈固溶体形态含大量的

图 4.14 Cu_2O - Fe_2O_3 系液相线剖面图[143]

Cu_2O,其量可达 15%. 图4.15是 Cu_2O 与 $CaO \cdot Fe_2O_3$ 体系相图,两者会形成一个温度更低的约在 1 100 ℃ 以下的共晶点.

严格地说这些相图只是 Ca - Cu - Fe - O 系的一些剖面图,其凝固后的相变是极其复杂的. 因此,这些图只是用来找出这些体系的液相线,但对冶金过程来说是很重要的. 炼钢过程中很少研究 Cu_2O 对熔渣体系的影响,通常认为在炼钢过程中 Cu_2O 的存在是及其微量的,或者认为是不存在的.

文献 [145,147] 对 1 200~1 300 ℃ 温度范围内 CaO - FeO_n - Cu_2O, CaO - FeO_n - Cu_2O -

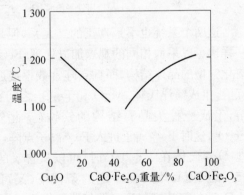

图 4.15 Cu_2O - $CaO \cdot Fe_2O_3$ 液相线剖面图[143]

SiO_2,Cu-O-CaO 系的相平衡和相关系进行了研究,但对于较高温度下的该体系研究则鲜见报道.

4.4　富 FeO 熔渣的物理化学性质

4.4.1　富 FeO 熔渣的密度

密度是熔渣的基本性质之一,它影响着液滴与介质间的相对运动速度,也决定渣所占据的体积的大小.渣系的密度与温度及氧化物的种类有关.组成熔渣的常见化合物的密度见表 4.5.

表 4.5　熔渣中常见化合物的密度/$g \cdot cm^{-3}$

化合物	密度	化合物	密度	化合物	密度
Al_2O_3	3.97	MnO	5.40	TiO_2	4.24
BeO	3.03	Na_2O	2.27	V_2O_3	4.87
CaO	3.32	P_2O_5	2.39	ZrO_2	5.56
CeO_2	7.13	Fe_2O_3	5.2	PbO	9.21
Cr_2O_3	5.21	FeO	5.9	CaF_2	2.8
La_2O_3	6.51	SiO_2	2.32	FeS	4.6
MgO	3.50	SiO_2	2.65	CaS	2.8

固态的炉渣密度可近似地用单独化合物的密度和组成计算:

$$\rho_{渣} = \sum \rho_i W_i (g \cdot cm^{-3}); i = Al_2O_3, FeO\cdots\cdots \qquad (4.31)$$

式中,W_i 是渣中各化合物的重量百分数;ρ_i 是他们本身的密度.

由表可见,富 FeO 熔渣中,由于含有较多的 FeO(其密度为 5.9)或 Fe_2O_3,因此,该熔渣的总密度就大.一般来讲,氧化渣的密度大于还原渣的密度.

但熔渣的密度不符合组分密度的加和规律,因为组分之间可能有引起熔体内某些有序态改变的化学键出现,从而改变了熔渣的密度. 液态炉渣的密度和温度及组成的关系研究的还不多, 波尔纳茨基介绍的在 1 400 ℃时熔渣密度的经验公式如下[161]:

$$1/\rho_{渣}=0.45(SiO_2)+0.286(CaO)+0.204(FeO)+$$
$$0.35(Fe_2O_3)+0.237(MnO)+0.367(MgO)+$$
$$0.48(P_2O_5)+0.402(Al_2O_3)(g \cdot cm^{-3}), \quad (4.32)$$

式中各组成为重量百分数.

高于 1 400 ℃时, 熔渣的密度可以用下式求出:

$$\rho_t=\rho_{1\,400}+0.07(1\,400-t)/100(g \cdot cm^{-3}), \quad (4.33)$$

式中, ρ_t 为某一温度下熔渣的密度 $(g \cdot cm^{-3})$; $\rho_{1\,400}$ 为由式(4.20)求出的某组成熔渣在 1 400 ℃时的密度 $(g \cdot cm^{-3})$; t 为温度(℃).

用此公式计算熔渣的密度时, 误差不大于 5%.

图 4.16 是 $FeO-FeO_{1.5}-2CaO-SiO_2$ 体系的密度与温度的关系[162]. 可以看出该体系的密度受温度的影响不大, 只有在 $2CaO \cdot SiO_2$ 达到 17.7 mol%时, 体系的密度随温度的升高才略有降低. 图

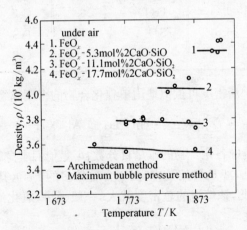

图 4.16　$FeO-FeO_{1.5}-2CaO-SiO_2$ 系密度与温度的关系[162]

4. 17 是 FeO‐$FeO_{1.5}$二元熔体密度与 $N_{FeO_{1.5}}$ 的关系,但两种测试方法所得的结果之间有一些差别.

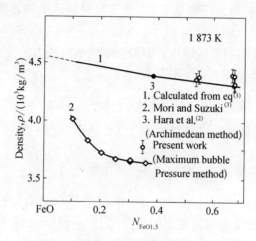

图 4. 17 1 873 K FeO‐$FeO_{1.5}$系密度与 $N_{FeO_{1.5}}$ 的关系[162]

温度对该体系密度的影响有多个学者进行过研究,研究结果有较大差异[163],既有密度随温度升高而降低的报道,也有密度随温度升高而增加的报道. 这种结果的原因可能是 FeO‐$FeO_{1.5}$ 熔体中 Fe^{3+}/Fe^{2+} 不同的缘故.

4.4.2 富 FeO 熔渣的黏度

任何冶炼过程中,都要求熔渣有适宜的黏度,这不仅关系到冶炼能否顺利进行,而且对过程的传热、传质有重要影响,从而对反应的速率、渣金的分离、金属在熔渣中的损失、炉衬的寿命等等都会产生影响. 对于均匀性熔渣,它的黏度服从牛顿粘滞液体的规律. 黏度决定于移动质点的活化能:

$$\eta = B_0 e^{E\eta/(RT)},\qquad (4.34)$$

式中 E_η 为粘流活化能.

温度对黏度有较大影响. 温度虽然不能改变粘流活化能, 但温度提高, 使具有粘流活化能的质点数增多; 同时, 质点的热振动加强或质点的键断裂, 络离子可能解体, 成为尺寸较小的流动单元, 因而黏度下降.

温度对黏度的影响还与炉渣的化学性质有很大的关系.

FeO 熔体黏度与温度的关系[163]:

$$\lg \eta = -5.427 + \log T + 2\,649/T \text{ (poise)}, \qquad (4.35)$$

或 $$\lg \eta = -6.427 + \log T + 2\,649/T (\text{Pa} \cdot \text{S}).$$

4.4.3 富 FeO 熔渣的表(界)面张力

熔渣的表面张力和熔渣-金属液间的界面张力, 对气体-熔渣-金属液的界面反应有很重要的作用. 它们不仅影响到界面反应的进行, 而且影响到熔渣与金属的分离以及对耐火材料的侵蚀有重要影响.

当两凝聚相(液-固, 液-液)接触时, 相界面上两相质点间出现的张力称为界面张力, 界面张力与两相的组成及温度有关.

界面张力取决于两相的化学成分、结构. 两接触相的性质愈相近, 界面张力就愈小. 当异类组分间的作用力大于其自身分子间的作用力时, 两相在相界面就有相当大的互溶性, 而使界面张力减小.

富 FeO 熔渣的表(界)面张力对渣金分离以及渣金间的氧化还原反应有着重要影响. 对于气-渣-金系统, 渣金界面处的黏附功决定于久普尔方程:

$$W_{渣-金} = \sigma_{金-气} + \sigma_{渣-气} - \sigma_{渣-金}. \qquad (4.36)$$

如果渣-金间的界面张力降低, 则有黏附功的增加, 不利于渣金分离. 对于富 FeO 熔渣随着 FeO 含量的增加, 渣金间的界面张力逐渐降低, 则黏附功增大. 例如研究表明在平炉熔化期扒除的炉渣中, 随着 FeO 的增加, 渣中保留有较大量的金属珠, 这说明了表面黏附功的增大[164].

图 4.18 是文献[162]报道的熔渣中 Fe_2O_3 摩尔分数与熔渣表面张力之间的关系,随着 Fe_2O_3 摩尔分数的增加,表面张力逐渐增大. 图 4.19 为温度与 $FeO-Fe_2O_3-CaO$ 熔渣体系表面张力之间的关系,

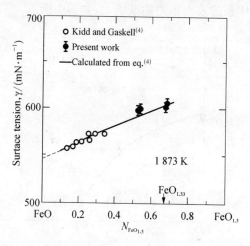

图 4.18 1 873 K 温度下 $FeO-FeO_{1.5}$ 熔体的表面张力

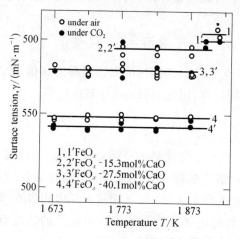

图 4.19 $FeO-FeO_{1.5}-CaO$ 熔体表面张力与温度的关系

可见温度对该体系的表面张力几乎没有影响.

图 4.20 为 CaO 对 FeO‑Fe₂O₃‑CaO 熔渣体系的表面张力的影响. 随着 CaO 含量的增加,该体系的表面张力有较大的下降,也即 CaO 对体系表面张力有重要影响. 但也有研究者得出的结论是随着 CaO 的增加,体系的表面张力逐渐增大,如图中所示.

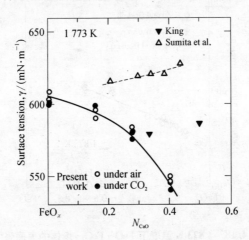

图 4.20 CaO 含量对 FeO‑FeO₁.₅ 熔体表面张力的影响[162]

4.4.4 富 FeO 熔渣的氧化‑还原性

富 FeO 熔渣中仅 Fe^{2+} 的标准电极电势的负值最小,所以它能伴随 O^{2-} 向金属液转移,出现下列的离子反应过程:

$$(FeO) = (Fe^{2+}) + (O^{2-}) \leftrightarrow [Fe] + [O]. \tag{4.37}$$

因此,熔渣能向与之接触的金属液供给氧,而使其中溶解的元素发生氧化,这种熔渣被称为氧化渣. 相反,能使金属液中溶解的氧量减少,使氧化铁或 $Fe^{2+} \cdot O^{2-}$ 离子团进入其内的熔渣,则称为还原渣.

金属液的氧的质量分数与熔渣内氧化铁的活度有关,按氧的熔渣‑金属液之间的分配常数有:

$$(FeO) = [Fe] + [O], \tag{4.38}$$

$$L_O = w[O] / a_{FeO}, \tag{4.39}$$

$$\lg a_{FeO} = -\lg L_O + \lg w[O] = 6\,320/T - 2\,734 + \lg w[O]. \tag{4.40}$$

因此,代表熔渣氧化能力的 a_{FeO} 增大时,与之接触的金属液中氧的浓度也增大,而金属液中被氧化元素的浓度就越低.

由于富 FeO 熔渣是 Fe^{3+} 和 Fe^{2+} 的混合物,是 $Fe^{2+} \cdot Fe^{3+} \cdot O^{2-}$ 离子聚集团.其中 Fe^{3+} / Fe^{2+} 比是变动的,因为它们之间不断在交换电子($Fe^{3+} + e = Fe^{2+}$),并且随渣中 CaO 质量分数的增加而变大,也即是促进变换电子的反应进行,使得反应利于生成 Fe^{2+},降低 Fe^{3+} / Fe^{2+} 比.

熔渣中的高价氧化铁,主要是 Fe_2O_3,除了能提高 a_{FeO},增大熔渣的氧化能力外,也能使熔渣从炉气中吸收氧,并向金属液中传递氧.

4.5 本章小结

本章对渣化法分离钢水中铜、锡等有价金属元素的基本原理——选择性氧化原理进行了介绍.对现有的 Fe-Cu,Fe-Sn 系的活度和活度系数进行了归纳和综述.

在渣化法理论分析的基础上,提出了渣化法渣系选择的基本原则:一是要使铜、锡等元素在渣金间的分配比最低,以获得熔渣最大程度的纯净化;二是流动性能好、能够与金属液实现良好分离;三是要有较高的含铁品位、还原性能好,以有利于下一步的还原冶炼.

对废钢渣化过程中可能形成的 FeO-Fe_2O_3-CaO 系,FeO_n-CaO-SiO_2 系,FeO-Fe_2O_3-MgO 系相图进行了论述.通过分析认为:渣化法获得的熔渣应以 Fe_2O_3,$1/2CaO \cdot Fe_2O_3$,$CaO \cdot Fe_2O_3$ 等形式存在的矿物为主,避免形成还原性差的 $2FeO \cdot SiO_2$,$CaO \cdot FeO \cdot 2SiO_2$ 等矿物以及具有多种晶型的 $2CaO \cdot SiO_2$ 矿物.并对影响富

FeO 熔渣的密度、黏度和表面张力的因素进行了分析和论述. 富 FeO 熔渣密度较大,渣金界面张力小,加入 CaO 有利于降低熔渣密度和实现渣金良好分离.

通过对渣化法分离钢水中价金属元素的基本原理的论述,可以看出:该法依据高温冶金的选择性氧化原理来实现元素的分离,摆脱了现有元素分离技术往往针对一个或某几个元素的局限,有望实现同时脱除铜、锡、砷、锑、铋、镍、钼、镉等多种残存元素,从而获得纯净的富 FeO 熔渣. 有价金属元素在熔体残液中的富集也大大有利于这些元素的进一步回收和利用.

作为渣化法的基础研究,内容是十分广泛的,既包括各种有害残存元素在渣金间的分配规律、金属熔体残液的热力学性质、富 FeO 熔渣的物理化学性质的研究,也包括富 FeO 熔渣与耐火材料的作用规律、渣化工艺的能源消耗及环境因素的评价等等. 而目前有关这些方面的基础研究还是十分缺乏的,这是一个复杂而丰富的研究体系.

由前面几章的论述可以知道:废钢中增长最快的有害残存元素是铜和锡,它们是冶金工作者最为关心的、也是最为迫切需要脱除的元素. 限于一项研究的时间和精力,本研究拟以废钢中最为常见且含量较高的有害残存元素铜、锡为主进行研究.

第五章　铜、锡在富 FeO 熔渣中氧化溶解行为的研究

　　铜、锡在熔渣中的氧化溶解行为是研究其在渣金间分配规律的基础,许多学者对其进行过研究,但已有的研究主要是针对铜冶金和锡冶金过程中的行为[165-170]. 所研究的温度较低,一般在 1 000～1 300 ℃之间. 对于废钢熔体渣化过程,主要关心的温度范围是1 600 ℃左右,在这个温度范围区间,鲜见有铜、锡在熔渣中氧化溶解行为的报道. 本章对铜、锡在富 FeO 熔渣中的氧化溶解行为进行了研究.

　　在有色冶金的书籍和文献中常将元素被氧化进入熔渣的行为直接称之为溶解或氧化溶解,但钢铁冶金中的溶解一般是指物理溶解. 为避免发生歧义,本文中的溶解特指元素的物理溶解,而元素的氧化行为则称之为氧化溶解.

5.1　实验设备与实验方法

　　实验所用的高温实验炉是宜兴市前锦炉业设备有限公司生产的RSJ‐8‐16 型实验电炉. 电炉结构的示意图见图 5.1.

　　加热元件选用 9 mm×200 mm×400 mm 硅钼棒 6 支,采用串联接线方式,硅钼棒由炉顶插入炉膛,顶端接线,外置防护罩. 测温采用双铂铑热电偶(B 分度)2 支,其中一支直管型热电偶由炉体侧面插入炉膛,用于控制炉膛温度;另外一支直角型热电偶由炉管顶部插入,用于炉管内温度检测. 炉子的控温精度≤±1 ℃. 炉管内置托架,用于放置坩埚. 托架由空心球托砖和 90 mm 刚玉管和耐火纤维等构成. 水

冷腔焊于炉体底部,设有进出水管及一个进气管,进气管用于向炉管内通保护气体.

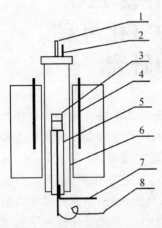

图 5.1 高温实验电炉装置示意

1. 观察孔;2. 排气孔;3. 实验坩埚;4. MoSi₂ 加热元件;5. 氧化铝支撑架;6. Al₂O₃ 炉管;7. 进气孔;8. 热电偶

由于 FeO 对各种材料的坩埚均有一定的侵蚀,因此,在高温研究中最大的困难是选择合适的坩埚容器,以避免坩埚参与反应或溶解. 对于富 FeO 熔渣与金属间的平衡研究较理想的方法是采用旋转坩埚. Chipman 等人[171]曾采用旋转坩埚成功地测定了与纯氧化铁熔渣平衡的液态铁中氧的溶解度,Fujita 等[172]也采用旋转坩埚测定过 FeO‐CaO 系的活度. 但旋转坩埚实验有相当的难度,如果不是热力学数据的研究很少有人采用. 失泽彬等[167]在铁酸盐渣系的平衡研究中采用的是铂金坩埚,而更多的研究者是采用 MgO 坩埚[168-170, 173]. 文献[166]中实验测得在 1 623 K 温度下,24～30 h 的与富 FeO 熔渣平衡时,熔渣中 MgO 的溶解小于 3%. 本文作者采用高纯氧化镁坩埚进行了预备性实验,在温度 1 873 K 下恒温 6 h,MgO 在纯氧化铁熔渣中的溶解小于 8%. 侵蚀较轻微,而实际实验时间为 4 h,因此,高纯 MgO 坩埚可以满足平衡实验的要求.

平衡实验中为了使气相-熔体反应迅速达到平衡,液相的表面积与它的体积之比应当较大,尽量采用少量的样品进行实验. 参考其他研究者的数据,本实验的渣量选用 10 g. 通过预备性实验表明: 1 873 K 温度下,铜或锡在富 FeO 熔渣中的氧化溶解反应进行的较快,2 h 后,熔渣中的成分变化就已经很小,可以认为反应趋近平衡. 因此,根据预备性实验并参考其他研究者的数据[169-170, 173],本实验研究中的氧化溶解平衡时间选择为 4 h.

本研究条件下,整个反应系统内的氧势,经实际测量氧分压为

10^{-8} atm.

首先将经过预熔的不同成分(见表 5.1 和表 5.2)的渣粒 10 g 加入高纯氧化镁坩埚内,坩埚尺寸为 22 mm×20 mm×50 mm(外径×内径×高度),外套石墨坩埚. 将坩埚放入高温炉的恒温区域,随炉一起升温,升温速率小于 5 K/min. 升温至石墨坩埚发红时,通入氩气保护,氩气流量为 0.1 m³/h. 至 1 873 K 时,恒温 0.5 h 后,认为坩埚内熔渣温度已经均匀. 将 10 g 颗粒状金属纯铜或纯锡通过 10 mm 的石英管加入坩埚中,由于金属铜、锡的熔点很低,且加入量较少,所以很快就会熔化,据此可以近似地将加入时间作为反应开始时间. 恒温至预定时间 4 h 后,将坩埚取出,连同熔渣试样一起淬冷,结束反应. 熔渣试样经过处理后,送化验室化验成分.

5.2 实验结果

5.2.1 熔渣的成分分析

在对熔渣成分进行成分分析前,对其进行了显微观察,发现有许多金属相存在于熔渣中,这些金属相的存在会使熔渣的分析结果出现偏差. 因此,在试样分析前必须将金属相与渣相进行有效的分离.

由于渣相是脆性的,而金属相铜或锡具有延展性,因此试样在研钵中研磨时,渣相被破碎成粉末,金属相则被锤击成片状. 仔细将其筛分,即可实现渣相与金属相的分离. 文献[170]在处理这样的试样时,采用研磨后、再用-250 目的筛子进行筛分的方法实现了渣相与金属相的有效分离.

在对熔渣中金属相的定量测量过程中,对金属珠的粒度分布进行了统计分析(详见 5.5 节).

尽管小颗粒的金属珠在数目上占据多数,但它们在质量上所占的比例却很小,按体积颗粒平均直径将金属珠的尺寸归一化处理后,可以近似计算出金属珠的质量比. 计算结果是大颗粒的金属珠质量比约占 95.8%,而中小颗粒的合计为 4.2%,金属珠的数量百分比和质量百分比与尺寸之间的关系示意见图 5.2.

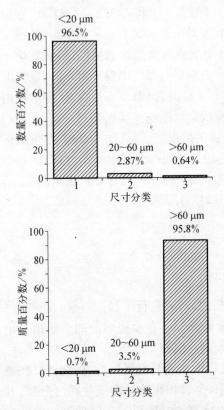

图 5.2 金属珠的尺寸分类与其数量及
          质量百分数之间的关系

由此可知,如果将大颗粒的金属珠分离出来,则未被分离出来的小颗粒也不会对分析结果有较大影响.

本研究采用相同的方法将所获得的熔渣试样破碎后,研磨并筛分,仔细分离渣相与金属相.尽管还有些较小颗粒直径的金属相无法被分离出来,但与分离出来的金属相比较其比例很小,可忽略或计入分析误差.

由于现在还很难实现金属相与熔渣的彻底分离,文中所讨论的数据,严格地说应视为表观活度系数.严格处理后的熔渣试样采用 ICP 等离子发射光谱法进行化学成分分析,结果见表 5.1 和表 5.2.本文分析讨论中所用的数据排除了金属相的干扰.

表 5.1 与金属铜平衡的氧化铁熔渣的化学分析结果(%)

序号 成分	(CaO)	(Cu)	(Mg)	(Fe)
1	0	2.04	5.21	余量
2	10	1.35	4.84	余量

序号 成分	(CaO)	(Cu)	(Mg)	(Fe)
3	20	1.00	4.18	余量
4	30	0.96	4.20	余量
5	40	0.93	4.15	余量

表 5.2　与金属锡平衡的氧化铁熔渣的化学分析结果(%)

序号 成分	(CaO)	(Sn)	(Mg)	·(Fe)
1	0	8.07	4.19	余量
2	10	8.10	4.06	余量
3	20	7.90	3.81	余量
4	30	7.70	3.80	余量
5	40	7.64	3.93	余量

　　由于坩埚材料 MgO 的溶解,熔渣中有一定的 MgO 含量,其量列于表中. 根据文献[174]可知其对铜、锡的氧化溶解影响较小,而且其含量变化范围不大,因此本文未对其影响进行讨论.

5.2.2　熔渣的 X 射线衍射分析(XRD)

　　从铜、锡的元素化学我们知道:铜和锡在其氧化物中均可以表现为多价态金属离子. 铜的氧化物有两种:CuO 和 Cu₂O. CuO 是碱性氧化物,在小于 1 000 ℃下稳定,大于 1 000 ℃时发生分解. Cu₂O 是高温下稳定的氧化物,大气中加热到 2 200 ℃以上,分解成铜并析出氧.

　　而锡的氧化物有 SnO 和 SnO₂. SnO₂ 是高温稳定化合物,呈酸性. SnO 只在<400 ℃和>1 040 ℃时稳定,在 400~1 040 ℃发生歧化反应:2SnO=Sn+SnO₂. 高温时 SnO 呈碱性,能与 SiO₂ 等造渣.

　　为了确定铜锡在氧化铁熔渣中的存在状态,对熔渣进行了定性物相分析.自然界中的元素都是以单质、化合物或类质同相等形式存在的.即使是同一种单质或化合物,由于它们的形成环境不同,它们也存在同质多相的现象,即它们的相是不相同的.用一般的化学分析方法可以得出组成物质的元素种类及含量,但却不能说明其相组成.鉴别待测试样的物相组成和晶体结构的最基本方法用是 X 射线衍射分析法,而且是最有效和最准确的方法之一.

　　各种物相之所以有差别,主要是因为它们的晶格类型、晶格常数(晶轴 a、b、c 和轴角 α、β、γ)有所不同,当 X 射线照射到这些物质时,它们所产生的衍射线条的数目、位置和各线条的相对强度(I/I_0)也就不同,也就是说,每种结晶物质都有自己独特的衍射图谱(或花样).多相物质的衍射花样就是各个单独物相的简单叠加,彼此不相干扰.因此,将待测的单相或多相物质进行 X 射线衍射实验,得到衍射花样或衍射的有关数据,然后将衍射花样或数据与标准物质或标准矿物的衍射图谱作对比,从而达到确定物相的目的,这个过程即为 X 射线衍射物相分析.

　　采用日本理学电机生产的 D/max-rc X 射线衍射仪,对氧化铁熔渣进行了 X 射线衍射分析.扫描强度 40 kV/100 mA,扫描速度 4°/m.

　　铜的衍射结果表明:熔渣中的铜是以 Cu_2O 形式存在的,衍射图谱见图 5.3.图中标有 Cu_2O 字样的谱线为 Cu_2O 谱.

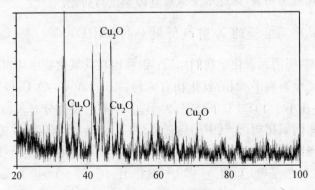

图 5.3　熔渣中铜的 X 射线衍射分析图谱

锡的衍射结果表明：熔渣中锡是以 SnO 状态存在的. 其衍射图谱见图 5.4. 图中标有 SnO 字样的谱线为 SnO 谱.

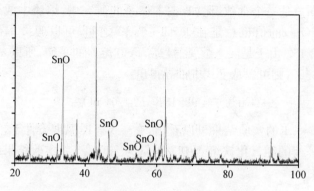

图 5.4 熔渣中锡的 X 射线衍射分析图谱

5.3 分析与讨论

5.3.1 铜在氧化铁熔渣中的氧化溶解

由上一节的 X 射线衍射分析(XRD)结果可知,铜在熔渣中的存在状态是 Cu_2O. 尽管铜还有可能以 CuO 氧化物的形态存在于熔渣中,但许多的研究表明：体系氧分压在 $10^{-3} \sim 10^{-12}$ atm 范围内,熔渣中的 Cu^{2+} 是可以忽略的[175],可以假设熔渣中的铜都是以 Cu^+ 形式存在的. 因此,对于铜在熔渣中的氧化溶解可以用下式予以讨论：

$$Cu(l) + 1/4O_2(g) = CuO_{0.5}(l), \tag{5.1}$$

$$\Delta G^0 = -60\,670 + 21.46T(J \cdot mol^{-1}),$$

$$\lg K_P = 3\,169/T - 1.120\,9, \tag{5.2}$$

$$K_P = \frac{a_{CuO_{0.5}}}{a_{Cu}P_{O_2}^{1/4}} = \frac{\gamma CuO_{0.5}(Cu\%)/M_{Cu}}{a_{Cu} \cdot P_{O_2}^{1/4} \cdot (n_T)}, \tag{5.3}$$

式中：(n_T) 是 100 g 熔渣中成分的摩尔总数,其中的氧化物均为单金属表示,如 $FeO_{1.5}$ 或 $CuO_{0.5}$ 等,M_{Cu} 为铜的原子量.

这种表示方法对于讨论体系中摩尔数的影响较为方便,基本可以认为(n_T)是一个常数. 比如,在本体系的研究中,熔渣中成分变化较大时,(n_T)的值也总是在 1.41～1.49 之间,可以假设本体系的 $(n_T)=1.45$. 由于是液态金属铜与富 FeO 熔渣的平衡,所以 $a_{Cu}=1$,$M_{Cu}=63.55$,则可以从上式中推导得出:

$$(Cu\%) = 92.15K_P P_{O_2}^{1/4}/\gamma CuO_{0.5}. \tag{5.4}$$

从表 5.1 的实验结果可以看出,在 1 873 K 温度条件下,与金属铜溶液平衡的纯氧化铁熔渣中含铜量为 2.04%. 将实验结果绘制于图 5.5 中.

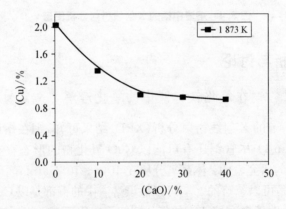

图 5.5 熔渣中 CaO 含量与 (Cu) 的关系

可以看出,熔渣成分对铜在熔渣中的溶解有重要影响,渣中铜含量随着熔渣中 CaO 含量的增加而逐渐减小. 也即:铜在熔渣中的氧化溶解随着 CaO 含量的增加而逐渐减小.

由式(5.4)可以得出:

$$\gamma CuO_{0.5} = 92.15K_P P_{O_2}^{1/4}/(Cu\%). \tag{5.5}$$

本研究条件下,经测量体系的氧分压 $P_{O_2}=10^{-8}$ atm. 由式(5.3)

计算得出 1 873 K 温度下反应的 $K_P = 3.724$,并将实验结果代入上式计算. 可以得出相应条件下的 $\gamma CuO_{0.5}$,将其绘制成图 5.6.

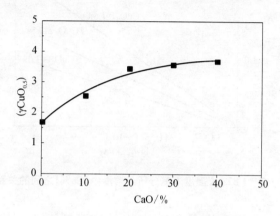

图 5.6 $\gamma CuO_{0.5}$ 与熔渣中 CaO 含量的关系

拟合曲线得出 $\gamma CuO_{0.5}$ 与熔渣中 CaO 含量之间的关系:

$$\gamma CuO_{0.5} = 3.95 - 2.31 \exp(-(CaO\%)/16.63), \qquad (5.6)$$

由此可知,氧化铁熔渣中 $CuO_{0.5}$ 的活度系数会随着熔渣中 CaO 含量的增加而逐渐变大,但其增长趋势会随着 CaO 含量的增大而逐渐变缓.

由式(5.4)可以看出,铜在熔渣中的溶解受反应温度、氧势和熔渣成分的影响. 如果假设熔渣中 $\gamma CuO_{0.5}$ 是一个常数,则可知熔渣中铜的溶解与体系氧分压的四分之一次方之间呈线性关系. 假设 $\gamma CuO_{0.5}$ 是一个常数,根据式(5.4)可以计算出熔渣中的铜含量与体系氧分压之间的关系. 分别计算不同 $\gamma CuO_{0.5}$ 时的熔渣铜含量,并将其绘制于图 5.7 中. 关于氧分压对铜氧化溶解的影响,铜冶金中的研究多数在 10^{-12} atm 以上,低于该氧分压的情况较为少见. 但氧分压高于 10^{-5} atm 时,由第四章的图 4.6 可知,在铜冶炼或炼钢的温度范围内,铜则会被完全氧化成氧化物.

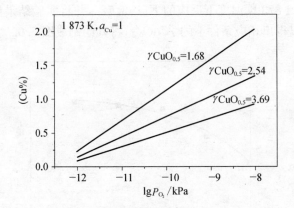

图 5.7　1 873 K 温度下氧分压与熔渣中(Cu%)之间的关系

5.3.2　锡在氧化铁熔渣中的氧化溶解

由 X 射线衍射分析(XRD)结果可知,锡在熔渣中的存在状态是 SnO. 可以假设熔渣中的铜都是以 Sn^{2+} 形式存在的[169-170]. 因此,锡在熔渣中的氧化溶解可以用下式予以讨论:

$$Sn(l) + 1/2O_2 = SnO(l), \tag{5.7}$$

$$\Delta G^0 = -274\ 500 + 93.3T(J/mol),$$

则有:

$$\lg K_P = \frac{14\ 336.3}{T} - 4.872, \tag{5.8}$$

$$K_P = \frac{a_{SnO}}{a_{Sn}P_{O_2}^{1/2}} = \frac{\gamma SnO(\%Sn)/M_{Sn}}{a_{Sn}P_{O_2}^{1/2}(n_T)}, \tag{5.9}$$

其中:n_T 为 100 g 熔渣的总摩尔数,M_{Sn} 为锡的原子量.

在本体系的研究中,当熔渣中成分变化时,(n_T) 的值也总是在 1.41~1.49 之间. 可以假设本体系的 $(n_T) = 1.45$. 由于是液态金属锡与富 FeO 熔渣的平衡,所以 $a_{Sn} = 1$,$M_{Sn} = 118.69$,与上一节类似地可

以得出:

$$(Sn\%) = 172.10K_P P_{O_2}^{1/2}/\gamma SnO. \qquad (5.10)$$

由此可知,锡在熔渣中的氧化溶解受反应温度、氧势和熔渣成分的影响.

将表 5.2 的实验结果绘制于图 5.8 中. 由图可以看出,锡的溶解度随着熔渣中的 CaO 含量的增加而稍微有所降低,但降低幅度不大. 对比图 5.5 和图 5.8 可以看出:CaO 对锡在氧化铁熔渣中的氧化溶解影响没有对铜的氧化溶解影响大.

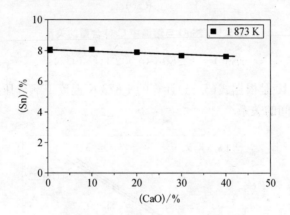

图 5.8 熔渣中(CaO)与(Sn)的关系

由式(5.10)可以得出:

$$\gamma SnO = 172.10K_P P_{O_2}^{1/2}/(Sn\%). \qquad (5.11)$$

本研究条件下,体系的氧分压 $P_{O_2} = 10^{-8}$ atm. 由式(5.8)计算得出 1 873 K 温度下反应的 $K_P = 605.34$. 将实验结果代入上式计算得出 γSnO,并将其绘制成图 5.9. 可以看出 γSnO 与熔渣中的 CaO 含量关系不是很大,在 0～40% 范围内基本保持不变,仅有微升.

根据实验数据作线性拟合,可以得出 γSnO 与熔渣中 CaO 含量之间的关系:

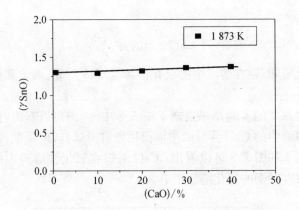

图 5.9 γSnO 与熔渣中 CaO 含量的关系

$$\gamma SnO = 1.286 + 0.002\,1(CaO\%). \tag{5.12}$$

图 5.10 是根据式(5.11)计算的 1 873 K 温度下氧分压与熔渣中(Sn%)之间的关系.

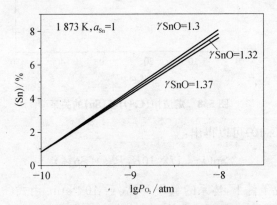

图 5.10 1 873 K 温度下氧分压与熔渣中(Sn%)之间的关系

本文未对更低氧分压的情况进行研究,但文献[170]对含有 51%~59%CaO 的熔渣与金属锡的平衡进行了研究,研究发现在低氧分压条件下,渣中的锡含量与氧分压之间没有明显的相关关系,其关系见图 5.11.并且对熔渣中锡的存在状态进行了观察,发现渣中有金属锡存在,金属锡呈小球状或呈须状.文献作者认为金属态的锡是渣中的存在状态之一.这种金属态的锡在低氧分压情况下,导致分析结果与氧分压没有很明显的对应关系.如前所述,本节分析中所用的数据是经过渣金分离处理以后的数据,这部分金属相的存在不会对氧化溶解的分析有影响.

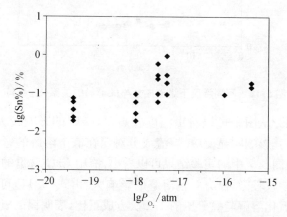

图 5.11 1 873 K 温度下熔渣中锡含量与氧分压的关系[170]

5.3.3 熔渣成分对铜、锡在渣中氧化溶解的影响

由式(5.4)可知,铜在氧化铁熔渣中的氧化溶解受温度(K_P)、氧势(P)和熔渣成分($\gamma_{CuO_{0.5}}$)的影响.在温度和氧势一定的情况下,则取决于熔渣的成分.

图 5.12 是不同温度条件下熔渣中 CaO 含量对(Cu)的影响,其中 1 873 K 是本实验的研究结果,1 573 K 和 1 523 K 是根据文献[166]中数据所绘.

由图可见,熔渣中的成分对铜的氧化溶解是有影响的,随着渣中 CaO 含量的增加,渣中铜的氧化溶解逐渐减少.同时可以看出不同温度下,渣中 CaO 含量对铜的氧化溶解的影响是不同的,但其影响趋势

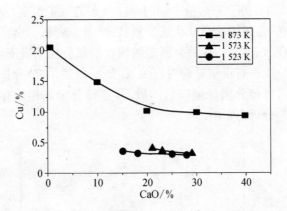

图 5.12　不同温度下熔渣成分与 (Cu%) 的关系 $(a_{Cu}=1)$

都是一致的. 从图中可以看出温度较高时, CaO 的影响较大, 而在温度较低时, 其影响明显变缓. 熔渣成分对锡在渣中溶解的影响与铜的类似, 但从图 5.7 中的实验结果可以看出, 渣中 CaO 含量的变化对锡溶解的影响较轻微, 没有对铜溶解的影响大. 由式 (5.11) 可知: 锡在熔渣中的氧化溶解与氧分压的 1/2 次方成正比, 表明锡的氧化溶解更容易受到氧分压的影响.

　　富 FeO 熔渣是 Fe^{3+} 和 Fe^{2+} 的混合物, 是 $Fe^{2+} \cdot Fe^{3+} \cdot O^{2-}$ 离子聚集团, 其中 Fe^{3+}/Fe^{2+} 比是变动的, 因为其中的 Fe^{3+} 和 Fe^{2+} 之间不断地交换电子 $(Fe^{3+}+e=Fe^{2+})$. Fe^{3+}/Fe^{2+} 比高表明熔渣的氧化性强. 正如 4.4.4 节的论述, Fe^{3+}/Fe^{2+} 比会随着渣中 CaO 质量分数的增加而变大. 熔渣中的高价氧化铁, 主要是 Fe_2O_3, 除了能提高 a_{FeO}, 增大熔渣的氧化能力外, 也能使熔渣从炉气中吸收氧, 并向金属液中传递氧.

　　对于熔渣中 Fe^{3+}/Fe^{2+} 比与渣中 CaO 含量之间的关系, 文献 [176] 中曾报道:

FeO - $FeO_{1.5}$:

$$\log(Fe^{3+}/Fe^{2+}) = 0.179[\log P_{O_2} + 29\,501/T + 0.994] - 2.327,$$

FeO - $FeO_{1.5}$ - 15.3 mol%CaO：

$$\log(Fe^{3+}/Fe^{2+}) = 0.198[\log P_{O_2} + 29\,501/T + 0.994] - 2.483,$$

FeO - $FeO_{1.5}$ - 27.5 mol%CaO：

$$\log(Fe^{3+}/Fe^{2+}) = 0.208[\log P_{O_2} + 29\,501/T + 0.994] - 2.371,$$

FeO - $FeO_{1.5}$ - 40.1 mol%CaO：

$$\log(Fe^{3+}/Fe^{2+}) = 0.207[\log P_{O_2} + 29\,501/T + 0.994] - 2.035,$$

$$(5.13)$$

式中 P_{O_2} 的单位为 MPa，T 的单位为 K.

图 5.13 是 1 600 ℃时 CaO 的活度与熔渣体系内 FeO_n 摩尔分数之间的关系图[177].

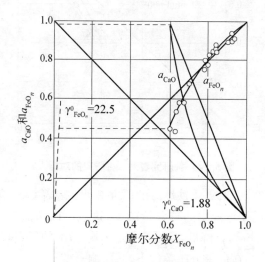

图 5.13 CaO 和 FeO_n 的活度随 FeO_n 的摩尔分数变化[177]

图中除了活度外，也给出了拉乌尔直线. 对于氧化钙，拉乌尔线是从 $FeO_n = 1$ 到 $FeO_n = 0.6$ 之间的连线. 相对于此直线，氧化钙活度呈负偏差. 负偏差说明三价铁氧化物与氧化钙有结合生成铁酸盐的倾向,这种结合降低了三价铁氧化物的活度. 铁酸钙的生成反应为

$$CaO + Fe_2O_3 \Longrightarrow CaO \cdot Fe_2O_3. \tag{5.14}$$

因此,当铁液中氧含量相同时,则平衡渣中有氧化钙要比没有氧化钙时需要更多的三价氧化物含量.

图 5.14 是不同的研究者的研究结果[176],虽有一些差异,趋势是一致的.

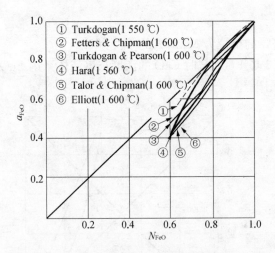

图 5.14　各研究者对 a_{FeO} 研究的对比[176]

文献[172]中对氧化铁熔渣的研究表明:随着 CaO 含量的增加,与之相平衡的铁溶液中的氧含量减少,这也可以印证 CaO 含量的增加使得 Fe^{3+}/Fe^{2+} 比降低,见图 5.15. 文献[178]的研究获得了同样的结果,并且认为在低氧分压条件下,其影响会变小.

熔渣中其他成分对 Fe^{3+}/Fe^{2+} 比应该说也是有影响的,但对此研究得较少,文献[174]的研究认为熔渣中 Cu_2O 或 MgO 对 Fe^{3+}/Fe^{2+} 的影响是相当小的. 并推导得出,在 FeO - Fe_2O_3 - CaO 体系与金属铜平衡时,Fe^{3+}/Fe^{2+} 比与氧分压和氧化钙含量之间的关系:

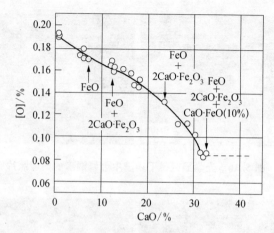

图 5.15 铁溶液中[O]与熔渣中 CaO 含量的关系[172]

$$\log(Fe^{3+}/Fe^{2+})=0.170\log P_{O_2}+0.018(CaO\%)+5\ 500/T-2.52.$$

$$(5.15)$$

由以上的论述可知：熔渣中 Fe^{3+}/Fe^{2+} 比会随着渣中 CaO 质量分数的增加而变小，Fe^{3+}/Fe^{2+} 比的降低意味着熔渣对铜的氧化减少，因此，铜在熔渣中的氧化溶解减少.

5.4 熔渣的显微观察与分析

采用光学显微镜对熔渣进行显微观察，发现熔渣中有许多金属亮点，利用电子探针和能谱对这些相进行了分析，结果表明这些相是纯金属铜或纯锡，图 5.16 是研究铜在熔渣中氧化溶解行为时的金属铜珠的典型照片，图 5.17 是研究锡在熔渣中氧化溶解行为时的金属锡珠的典型照片.

在 5.2.2 节的 X 射线衍射分析研究中，已经知道熔渣中的铜是 Cu_2O 形式存在的，而锡是以 SnO 形式存在的. 在铜、锡冶金过程中的熔渣研究中发现：被氧化了的铜（锡）氧化物在冷却和凝固过程中会

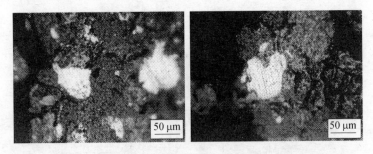

图 5. 16   光学显微镜下熔渣中金属铜珠的典型照片

图 5. 17   光学显微镜下熔渣中金属锡珠的典型照片

发生如下置换反应：

$$Cu^+ + Fe^{2+} \longrightarrow Cu^0 + Fe^{3+}, \tag{5.16}$$

或　　　　　　$$Sn^{2+} + 2Fe^{2+} = Sn^0 + 2Fe^{3+}.$$

　　例如在对以硅酸铁为主要成分的铜转炉渣进行观察时[165,168]，发现被氧化了的铜氧化物在冷却和凝固过程中发生了置换反应，在终渣的抛光面上可以明显看出有细小的铜珠. 用显微探针分析仪对这些相进行观察，金属铜是以光亮的圆形粒子形式存在. 这种金属粒子的尺寸大小与熔渣的冷却速度有一定的关系，冷却速度越慢，越易形成较大尺寸的金属粒子.

　　对于熔渣中元素的存在形态问题一直是冶金理论关注的重要课

题,铜(锡)在熔渣中的存在形式,对于铜(锡)冶炼过程有着重要的意义,也有过很多的研究,但溶解机理各有看法.

理查森等的研究发现[179]:某些金属可以以元素的形式溶于熔融的硅酸盐中.在冷却时,玻璃含有弥散分布的细小金属颗粒.当铝硅酸钙与 Cu、Au、Ag 和 Pb 的蒸气平衡时,可以发现,对于给定的蒸气压,例如 1 mmHg,金属的溶解度随其原子半径的增加而减少.在其他一些研究者随后所作的研究中,也发现 Ni、Bi、Sb 和 As 等亦以元素的形式溶于熔融的硅酸盐中.在后面的这些研究中,使含少量 Bi、Sb 和 As 的熔融铜与硅酸铁熔体在已知的氧活度下平衡,所得的溶解度与用贵金属进行的早期研究中发现的简单关系不符合.现将有关于金属的溶解度数据以通常采用的形式,即渣中原子百分数/金属中原子百分数综合于表 5.3.

表 5.3　元素态金属在熔融硅酸盐中的溶解度

溶质	温度/ ℃	渣中含量/金属中含量(原子%)
Cu	1 530	5.5×10^{-4}
Ag	1 530	1.6×10^{-3}
Au	1 530	1.0×10^{-5}
Pb	1 530	1.0×10^{-3}
Ni	1 300	2.5×10^{-3}
Bi	1 300	3.3×10^{-2}
Sb	1 300	3.3×10^{-2}
As	1 300	3.3×10^{-3}

文献[170]在 1 873 K 温度下,金属锡与熔渣平衡 10 h 后,发现渣中的锡含量不仅比预期的高,而且与系统氧势之间也缺乏明显的对应关系.对淬冷的熔渣进行显微观察发现,熔渣中含有许多的金属锡.锡以金属球状或金属絮状存在于溶渣中.文献认为:金属态的锡至少是锡溶解的状态之一.魏寿昆也在文献[180]中指出:某些有色

金属在炉渣中有小量的溶解度.

上述观察和论述表明：铜或锡不仅可以以氧化态存在于富 FeO 熔渣中,也有部分是以金属态形式存在于熔渣中的.

5.5　熔渣中金属相的定量测量

从上一节的观察和分析论述中可知,熔渣中有金属状态的铜或锡存在,为探讨这部分金属状态的铜和锡在熔渣中所占的比例,本节采用日本产奥林巴斯 PMG‐3 显微镜,配合 IAS‐4 自动图像分析系统,对熔渣中金属相所占的比例进行了定量的测量.

5.5.1　定量测量的基本原理

显微镜下矿物定量是从待测矿物原料中选取有代表性的样品,加工制备成光片,在显微镜下通过测定不同矿物在光片上所占的比例,以达到矿物定量的目的. 该法所用设备简单、操作方便、测定方法易于掌握,是目前较为普遍使用的一种矿物定量方法.

显微镜下矿物定量和定量金相的基础都是体视学. 由于金属(熔渣)不透明,不能直接观察三维空间的组织图像,故只能在二维截面上得到显微组织的有关几何参数,然后运用数理统计的方法推断三维空间的几何参数,即用二维组织图像来解释三维组织图像,这门学科称为"体视学".

用于做定量测量时显示显微组织图像的工具是多种多样的,凡是能显示测量对象的各类显微镜均可做定量测量. 如光学显微镜、电子显微镜、场离子显微镜等,其中光学显微镜的使用较为广泛. 测量可通过装在目镜上的测量模板直接测量观察到的组织,也可以在投影显微镜的投影屏幕上,或在显微组织照片上进行测量. 测量手段可由人工进行,也可借助专门的图像分析仪器进行.

定量测量的量必须具有统计意义,为了获得一个可靠的数据往往需要上百次至上千次的重复测量. 为了解决这一问题,现在人们较广泛地采用自动图像测量,可以根据要求自动收集、记录、处理显微组织参数.

5.5.2 显微镜下矿物定量符号的基本定义与公式[181]

矿物定量和定量金相中所用的测量量较多,为了方便,规定用统一的符号. 以 P、L、A、S、V、N 等分别表示点、线、面(平面)积、曲面积、体积和个数. 测量结果常用被测量对象的量与测量用的量的比值来描述,以带下标的符号表示. 例如:N_A = 测量对象个数/测量用的面积,表示单位测量面积上测量对象的个数;同理,P_L 表示单位测量线长度上和测量对象的交点数;S_V 表示单位测量体积中测量对象的面积. 其他符号依此类推.

常用的基本符号列于下表 5.4.

表 5.4 矿物定量中的基本符号及其定义

符号	量纲	定　义
P	—	点的数目
P_P	L^0	测量对象落在总测试点上的点分数
P_L	L^{-1}	单位测量用线长度上的点(相截的点)数
P_A	L^{-2}	单位测量用面积上的点数
P_V	L^{-3}	单位测量用体积中的点数
L	L	线的长度
L_L	L^0	线的百分数,在单位长度测量用的线上测量对象占的长度
L_A	L^{-1}	单位测量用面积上的线长度
L_V	L^{-2}	单位测量用体积中的线长度
A	L^2	测量对象或测量用的平面积
S	L^2	内界面积(可以不是平面)
A_A	L^0	面积百分数,在单位测量用的面积上测量对象占的面积
S_V	L^{-1}	单位测量体积中含有的表面积

续 表

符号	量纲	定 义
V	L^3	测量对象的体积或测量用的体积
V_V	L^0	体积百分数,在单位测量用体积中,测量对象占的体积
N	—	测量对象的数目
N_L	L^{-1}	每单位测量用线长度上遇到测量对象的数目
N_A	L^{-2}	每单位测量用面积上遇到测量对象的数目
N_V	L^{-3}	每单位测量用体积中包含测量对象的数目

定量金相及矿物定量中常用的几个基本公式列述如下:

$$(1) \ V_V = A_A = L_L = P_P, \tag{5.17}$$

$$(2) \ S_t = 4/\pi \cdot L_A = 2P_L(L_A = \pi/2 \cdot P_L), \tag{5.18}$$

$$(3) \ L_t = 2P_A, \tag{5.19}$$

$$(4) \ P_V = 1/2L_V \cdot S_V = 2P_A \cdot P_L. \tag{5.20}$$

早在 1930 年 Thompson 和 1934 年 Glagolav 就证明了采用点测法测定的点数百分含量等于体积百分含量. 也即式(5.17)表明:点数百分含量=线段百分含量=面积百分含量=体积百分含量. 1963 年 E. R. Weibel 又用数学分析的方法证明了这一基本原理. 用点测法、线测法或面测法测定出矿物的体积百分含量后,即可按下式计算矿物的重量百分含量:

$$W = P_P(\rho_1/\rho) = L_L(\rho_1/\rho) = A_A(\rho_1/\rho) = V_V(\rho_1/\rho), \tag{5.21}$$

式中: W 为矿物的重量百分含量,%; ρ_1 为待测矿物的密度,g/cm^3; ρ 为原料的密度,g/cm^3.

现将定量金相中常用的量列于表 5.5 中. 其中括号内的量是可以直接测量的,如 P_P、P_L、L_L、P_A 等;有些量是不能直接测量的,如 V_V、

S_V、L_V、P_V 等,用方框表示,可借助体视学基本公式找出它们与可直接测量量的关系,从而计算出来.故又称为间接测量量.

表 5.5　测量量与计算量的关系

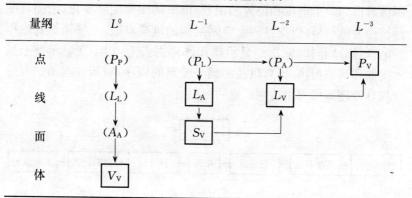

量纲	L^0	L^{-1}	L^{-2}	L^{-3}
点	(P_P)	(P_L) →	(P_A) →	P_V
线	(L_L)	L_A	L_V	
面	(A_A)	S_V		
体	V_V			

表中箭头表示从一个量可以推算另一个量的关系.以上公式的导出除了要求测试时的随机性之外,没有其他附加条件,因此应用时不受组织形状、尺寸大小及分布的限制,公式本身不会给计算带来误差.但是测量次数的多少却直接影响测量值的可靠性,公式的应用必须以无规、大量测量为条件.由公式可见,定量测量就是建立在这些最简单、最基本测量的基础上,通过二维截面上可直接测量的组织参数的测量,得到我们所需的三维组织参量.定量金相的内容是多样的,公式不限于此,其他公式需要时可参考有关资料或直接导出.

定量测量仅能在二维组织截面上进行,而且有些量,如截面上的晶界长度,也很难直接测得.但建立了它们与可直接测量量的关系后则可迎刃而解.因此,实际测量方法是很简单的,也就是计点、量长度或者测量面积.

5.5.3　自动图像分析仪的基本组成

自动图像分析仪一般由三部分组成:输入部分、中央处理器和输出部分.测量时将制备好的矿片(光片或薄片)置于样品台上,通过成像系统显微镜将待测矿物放大.扫描器的光导摄像管安装在显微镜的目镜上,对显微镜的视域进行系统扫描.扫描时根据不同的矿物成像的亮度的不同,将其转换为不同电平的脉冲信号.原理是逐行扫描图像时得到一个电压和位置的函数,电压随图像明暗变化,因而将图像转换为电信号,以提供测定空间结构的重要参数.光导摄像管取得的电信号分别同时输送到显示器和部件探头上,用于在显示器上显示图像和调整扫描.计算机按照预先编制的程序,对所获得的信号进行积分处理即可得出待测矿物的面积值.

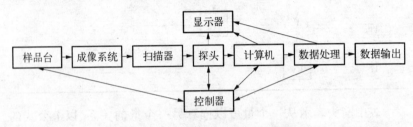

图 5.18   图像分析仪结构示意图

5.5.4   测量结果

图像分析时所取视域的典型图片,如图 5.19 所示.定量测量的结果见表 5.6,表中数值均为任选 10 个视域的平均值,重量百分数按式(5.21)计算.

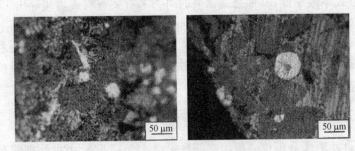

图 5.19   图像分析时所取视域的典型图片

表5.6 矿物定量测量结果记录表

试样号	面积百分数/%	重量百分数/%	金属重量/g	备注
X_0	1.85	2.35	0.235	锡
X_2	1.80	2.29	0.229	锡
X_4	1.81	2.30	0.230	锡
T_0	0.55	0.90	0.090	铜
T_2	0.50	0.81	0.081	铜
T_4	0.48	0.78	0.078	铜

表中试样号为 X 的表示是在研究锡在氧化铁熔渣中溶解行为时获得熔渣的测量数据,测量相为金属锡;试样号为 T 的表示是研究铜在氧化铁熔渣中溶解行为时获得熔渣的测量数据,测量相为金属铜. 计算时熔渣密度选 5.5 g/cm³.

本章的第二节曾对金属珠的大小与其质量比之间的关系进行了介绍,这里叙述其测量的过程.

我们知道在建立粒度测量的基本理论和方法时,为了简化起见,原则上可以假设所测颗粒的"标准粒度"的形状为球形. 从图 5.16 和 5.17 中可以看出熔渣中金属珠的颗粒大小及形状虽然是不一致的,但金属珠形状的大部分为球形,远比一般物质的粒度规则.

建立在体视学基础上的测量方法,是通过对有限颗粒切面的观测而求取颗粒粒度的,计算颗粒尺寸所采用的体视学公式,对颗粒形体都做了简化,由此得到的测量值只能与真实尺寸相近,精确定量关系的建立需要充分的观测和大量的统计工作. 从统计学的观点来看,测量点应该有足够大的量以保证测量值与真实值之间的误差被控制在一个允许的范围内,这种测量方法避免了观察中的随意性和片面性. 对金属珠的粒度分布进行了统计,见表 5.7.

表 5.7　所测得的熔渣中金属珠的尺寸及颗粒数目

序号　粒度	1～10 μm	10～20 μm	20～60 μm	60～150 μm
1	159	39	5	1
2	165	30	6	2
3	180	33	7	1

　　由于金属珠粒度的分布和测量不是本研究的主要内容,没有对粒度分布规律进行细致分类,为了简化,将细小颗粒状金属小珠的尺寸分为大(60～150 μm)、中(20～60 μm)、小(<20 μm)三种不同的尺寸,并以金属珠的颗粒数目统计,表中数值为统计平均值. 小颗粒中的大部分多为圆点状、直径小于 10 μm 的小颗粒,其中又以小于 5 μm 的颗粒占据大多数. 可以算出其中大颗粒数目约占 0.64％,中颗粒数目约占 2.87％,而小颗粒数目约占 96.5％.

　　假设金属珠为圆球形,我们知道大颗粒与小颗粒之间的体积比与颗粒半径的三次方呈正比关系,金属珠为均质,则两者之间的质量比也呈三次方的关系. 由此可知,大颗粒的金属珠所占的质量比远远大于小颗粒所占的质量比. 将金属珠的尺寸按体积颗粒平均直径归一化处理后,可以近似计算出金属珠的质量比. 计算结果是大颗粒的金属珠质量比约占 95.8％,而中小颗粒的合计为 4.2％.

　　由此可知,尽管小颗粒的金属珠在数目上占大多数,但其在质量上所占的比例却不大,如果将大颗粒的金属珠分离出来,则未被分离出来的小颗粒不会对分析结果有较大影响.

5.6　本章小结

　　本章对铜、锡元素在富 FeO 熔渣中的氧化溶解行为进行了研究. 铜、锡元素在熔渣中的氧化溶解受反应温度、氧势和熔渣成分的影响. 对氧化铁熔渣中的铜、锡进行了 X 射线衍射分析,衍射结果表明:渣中的铜是以 Cu_2O 形式存在的,锡是以 SnO 状态存在的.

在 1 873 K 温度条件下,与金属铜溶液平衡的纯氧化铁熔渣中含铜量为 2.04%.熔渣中的铜含量随着熔渣中 CaO 含量的增加逐渐减小. 根据实验计算出 $\gamma CuO_{0.5}$,并拟合曲线得出 $\gamma CuO_{0.5}$ 与熔渣中 CaO 含量之间的关系:

$$\gamma CuO_{0.5} = 3.95 - 2.31 \exp(-(CaO\%)/16.63).$$

在 1 873 K 温度条件下,与金属锡溶液平衡的纯氧化铁熔渣中含锡量为 8.07%.锡的溶解度随着熔渣中 CaO 含量的增加而稍微有所降低,但降低幅度不大,其对锡的溶解影响没有对铜的溶解影响大,锡的溶解更容易受到氧分压的影响. 拟合曲线得出的 γSnO 与熔渣中 CaO 含量之间的关系:

$$\gamma SnO = 1.37 - 0.021(CaO\%).$$

在对熔渣的显微观察中发现有许多的金属小珠,采用电子探针和能谱对这些相进行了成分分析,表明这些偏析点是金属铜或金属锡.铜或锡不仅可以以氧化态存在于富 FeO 熔渣中,也有部分是以金属态形式存在于熔渣中的.

采用自动图像分析仪法,对熔渣中金属相所占的比例进行了定量的测量,并对金属珠的粒度分布进行了统计.分析结果表明:尽管小颗粒的金属珠在数目上占大多数,但其在质量上所占的比例却不大,如果将大颗粒的金属珠从熔渣中分离出来,则未被分离出来的小颗粒金属珠不会对分析结果有较大影响. 但其定量关系的建立还需要大量的研究和统计工作.

第六章 铜、锡元素在富FeO熔渣与铁溶液间分配规律的研究

由第四章的论述可以知道,采用渣化法分离废钢熔体中的黑色金属与其他有价金属元素时,熔体中氧势较小的铜、锡、砷、锑、铋等元素不会氧化,它们将会被富集于金属残液中.因此,渣化法有望实现黑色金属与多种有害残存元素同时分离或者多种有价金属元素同时富集的目的.

根据回收废钢种类的不同,废钢熔体成分差异较大.无论是废钢中的常见元素碳、硅、锰、磷、硫,还是残存元素铜、锡、砷、锑、铋、锌、镍、镉、钼等元素,都会由于废钢种类的不同而有所变化.虽然经过各种方法的分离,废钢在进入炼钢炉中的时候,还是含有除铁之外的其他各种元素,常见的有碳、硅、锰、磷、硫、铝、铜、锡等.这些元素中易于氧化的元素,如硅、锰、铝等,将在渣化过程的初期很快被氧化至痕量并进入熔渣.而铜、锡等不易氧化的元素则富集于钢水残液中.随着铁的不断氧化入渣,铜、锡等元素在钢水残液中不断富集,含量逐渐增加.作为渣化法的基础研究,除了对废钢熔体可能浓度范围内的元素分配规律进行研究外,还应对较高浓度范围内的元素分配规律进行研究,这对确定渣化法的元素分离效率以及有价金属元素在钢水残液中的富集程度都是十分必要的.

本章叙述作者采用高温实验炉对铜、锡元素在富FeO熔渣与铁溶液之间的分配规律进行了实验研究.随着废钢熔体渣化过程的进行,其中的碳、硅、锰等易氧化元素会很快被氧化,因此,金属熔体的熔点则会随着这些元素的不断氧化而升高.虽然其他元素也会使铁溶液的熔点降低,但与碳元素相比,降低熔点的作用要相对小一些.

纯铁溶液的熔点是 1 538 ℃,考虑到氧化过程中金属溶液熔点升高的因素,本研究所做实验的温度范围选择在 1 550 ℃以上.

6.1 实验方法

采用化学平衡法研究铜、锡在富 FeO 熔渣与铁溶液之间的分配规律,所用实验设备与上一节相同.

实验所用熔渣采用分析纯试剂配制,按所需成分经秤重、混匀和高温熔化均匀,将从高温炉中取出的熔渣急冷,然后将其破碎成细小颗粒以备实验所用.实验用金属液由工业纯铁和纯金属铜、锡按所需成分配制而成.实验采用电熔高纯 MgO 坩埚,坩埚尺寸与上一章的相同,实验结果表明所选 MgO 坩埚在所研究的温度和熔渣条件下,仅受轻微侵蚀,可以满足实验的要求.

将一定量的试料装入坩埚后,外套石墨坩埚,放入高温炉的恒温区域,随炉一起升温.当炉子温度升至 600 ℃时,向炉内通氩气(流量 0.1 m³/h)进行气氛保护.至预定温度后,恒温 0.5 h 以使金属熔体的温度均匀.然后,通过 10 mm 的石英管向实验坩埚内加入指定成分的预熔渣,反应开始计时.恒温至预定时间后,迅速取出坩埚急冷,以结束反应.

将所获得的熔渣试样破碎、研磨、经磁选分离排除其中的金属铁后送化验室进行成分分析.

预备性实验表明,含有 Cu_2O 的熔渣与金属铁的反应在 1 550 ℃ 的高温下进行得较快.为了确定渣金反应达到平衡所需的平衡时间,在 1 600 ℃温度下进行了平衡时间确定的实验.实验中的铁溶液含铜量为 10%,分别在 40、60、120、180、240 min 等几个不同的时间间隔做渣金反应实验,一组为纯氧化铁熔渣,另一组为含 CuO 1%的氧化铁熔渣,实验结果示于图 6.1 中.

由图 6.1 可以看出,反应在 120 min 后,两组实验的熔渣中铜成分变化很小,可以认为反应已趋近平衡.图 6.2 是文献[182]中不同温度下熔渣中 Cu_2O 随反应时间的变化,还原剂为熔渣中的碳,可见反

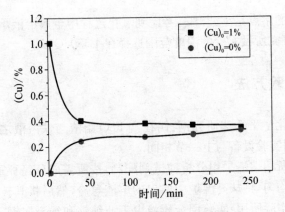

图 6.1　熔渣中(Cu)与反应时间的关系

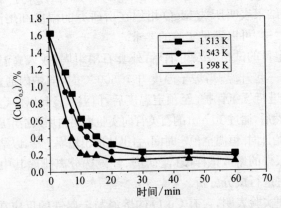

图 6.2　不同温度下熔渣中(Cu)与反应时间的关系[182]

应进行的很快,20 min 后熔渣中的成分变化就已经很小. 根据预备性
实验结果并参考其他研究者[182-184]的数据,本研究的渣金实验平衡时
间选择为恒温 240 min.

6.2　实验结果

　　所做实验的试样经处理后,送化验室进行成分分析.

本研究采用美国产 ICP 等离子发射光谱仪对熔渣的成分进行分析,型号为 Plasma - 400,光谱分辨率 0.019 nm,信号动态范围 6 个量级,信号精度 0.5%～1.0%.分析结果分别列于表 6.1、6.2 和 6.3.由于坩埚材料 MgO 的溶解,熔渣中有一定的 MgO 含量,其量均在 2.8～5.3 之间.与上一章相同,由于其对铜、锡的氧化溶解影响较小,且变化范围不大,故表中未将其列出,本文也未对其进行讨论.

表 6.1 温度影响实验分析结果

序号	温度/K	(Cu)/%(H 组)	(Sn)/%(H 组)	(Cu)/%(A 组)
1	1 823	0.16	0.09	0.28
2	1 873	0.19	0.1	0.29
3	1 923	0.21	0.1	0.36

注:H 组为[Cu]=1.96%,[Sn]=0.71%;A 组为[Cu]=10%

表 6.2 与 Fe - 10%Cu 合金平衡时熔渣成分的分析结果

序号	实验温度/K	(CaO)/%	(Cu)/%	Fe
1	1 873	0	0.29	余量
2	1 873	10	0.23	余量
3	1 873	20	0.2	余量
4	1 873	40	0.18	余量

表 6.3 金属熔体成分影响实验的分析结果

序号	实验温度/K	[Cu]/%	(Cu)/%	备 注
1	1 873	4	0.18	纯氧化铁熔渣
2	1 873	10	0.29	纯氧化铁熔渣
3	1 873	20	0.51	纯氧化铁熔渣
4	1 873	100	2.04	纯氧化铁熔渣

6.3 分析与讨论

对于元素在渣金间的分配可以采用如下的反应式表示,按氧化物–金属间的平衡讨论如下:

$$X + \frac{v}{2}O_2 = XO_v , \qquad (6.1)$$

式中,金属 X 的原子价为 $2v$,XO_v 用一个阳离子基如 $CuO_{0.5}$ 或 $SbO_{1.5}$ 表示. 这种表示很适合于质量分数与摩尔分数之间的换算. 上式中的平衡常数 K 为

$$K = \frac{a_{XO_v}}{a_x P_{O_2}^{v/2}} = \frac{[n_T](\gamma_{XO_v})(\%X)}{(n_T)[\gamma_X][\%X]P_{O_2}^{v/2}} , \qquad (6.2)$$

式中 γ 为活度系数. 因此,X 在炉渣和金属相之间的分配比 L_X 为

$$L_X = \frac{(\%X)}{[\%X]} = K\frac{(n_T)[\gamma_X]P_{O_2}^{v/2}}{[n_T](\gamma_{XO_v})} , \qquad (6.3)$$

$(n_T)/[n_T]$ 项对于摩尔分数与质量分数之间的换算是重要的,对于单位重量的熔渣来说,该项值几乎是不变的. 因此,氧化溶解平衡主要受炉渣中的氧势(P_{O_2})、熔体组成(r)、熔渣组成(γ_{XO})、金属价数(v)和温度(T)的影响. 当活度系数 γ 保持不变时 L_X - $\lg P_{O_2}$ 曲线将是线性的,其斜率为 $v/2$,并认为是炉渣中溶解物质的价数.

上述分析对铜、锡等元素均适用,根据式(6.3)可知,在氧分压、金属熔体成分和熔渣成分一定的情况下,L_X 应与温度呈线性关系.

6.3.1 温度对铜、锡在渣金间分配比的影响

实验研究中对 1 823、1 873 和 1 923 K 三个温度下的分配比情况

进行了考察,铁溶液中的铜含量分别选取为 1.96% 和 10%,锡含量为 0.71%,熔渣为纯氧化铁熔渣.实验结果示于图 6.3 和 6.4 中.

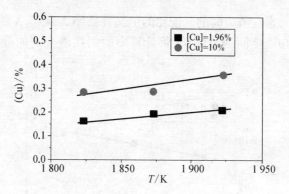

图 6.3 熔渣中(Cu)与反应温度的关系

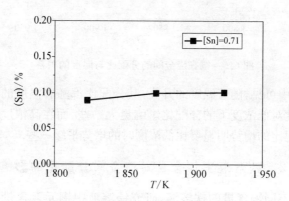

图 6.4 熔渣中(Sn)与反应温度的关系

从图 6.3 中可以看出,随着温度的升高,铜元素在渣金间的分配比略有增加,两者之间基本呈现出线性关系.这与铜有色金属熔炼中对温度影响的研究结果是一致的[185].而从图 6.4 看出温度对锡在渣金间分配的影响较微.

在 1 823~1 923 K 的温度范围内,拟合实验数据可以得出 (Cu%)与温度之间的关系:

当[Cu]=10%时,(Cu%)=-1.18+8×10⁻⁴T,　(6.4)

当[Cu]=1.96%时,(Cu%)=-0.75+5×10⁻⁴T,　(6.5)

按前述某元素在渣金间的分配比的定义,$L_X = (X\%)/[X\%]$,可以计算出元素在渣金间的分配比,将计算出的铜在渣金间的分配比对温度作图6.5.

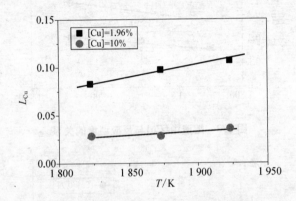

图6.5　铜在渣金间的分配比与温度的关系

从图中可见,随着温度的升高,其分配比都随着温度的升高而升高,但温度对低浓度下的分配比影响更大一些,而在高浓度时其影响变小,分配比的增势明显要比低浓度时的增势平缓一些.

6.3.2　铁溶液中铜含量对渣金间分配比的影响

配制不同铜含量的铁溶液,研究铁溶液中铜元素含量对渣金分配比的影响的研究,根据表6.3的分析结果,将其绘制于图6.6中.

渣金反应达到平衡时,熔渣中的成分将受第四章所述的反应式(4.13)的控制,其反应的平衡常数为

$$K_P = \frac{a_{FeO}^{1/2} a_{Cu}}{a_{Fe}^{1/2} a_{CuO_{0.5}}} = \left(\frac{a_{FeO}}{a_{Fe}}\right)^{1/2} \cdot \frac{f_{Cu}[Cu\%]}{\gamma CuO_{0.5} x(CuO_{0.5})}. \quad (6.6)$$

由于熔渣为纯氧化铁,所以 $a_{FeO}=1$,a_{Fe}、a_{Cu}可由图4.3读出,将

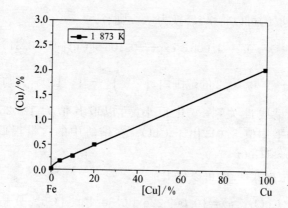

图 6.6 熔渣中(Cu)与铁溶液中[Cu]的关系

实验测得的(Cu%)代入上式,则可以计算出相应的 $\gamma CuO_{0.5}$.计算结果 $\gamma CuO_{0.5} = 2.76 \sim 3.26$.可见其值变化不大.

根据图 4.3 可以得出图 6.7 所表示出的数据,拟合图中数据可以得出:

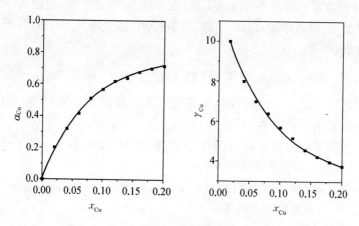

图 6.7 Fe‑Cu 溶液中 a_{Cu} 及 γ_{Cu} 与 x_{Cu} 之间的关系

$$a_{Cu} = 0.764\,16(1 - \exp(-13.686x_{Cu})), \tag{6.7}$$

$$\gamma_{Cu} = 8.654\exp(-x_{Cu}/0.083\,27) + 2.968\,8, \tag{6.8}$$

已知 $\gamma_{Cu}^{o}=8.6$，可以将 γ_{Cu} 转换为 f_{Cu}. 则有：

$$f_{Cu}=\gamma_{Cu}/\gamma_{Cu}^{o}=1.006\ 3\ \exp(-0.105\ 5[Cu\%])+0.345\ 2. \quad (6.9)$$

而在 $x_{Cu}=0\sim0.2$ 的范围内，$\left(\dfrac{a_{FeO}}{a_{Fe}}\right)^{1/2}=1\sim1.05$，其与溶液中铜含量基本呈线性关系，变化很小，可以取其值为 1.025. 同时取 $\gamma_{CuO_{0.5}}$ 的平均值 3.01，由于 $CuO_{0.5}$ 在熔渣中的含量很低，可以取 $x(CuO_{0.5}\%)\approx(CuO_{0.5}\%)$.

由此根据式(6.6)可以得出：

$$(CuO_{0.5}\%)=\{0.069\ 22\exp(-0.105\ 5[Cu\%])+$$
$$0.021\ 6\}[Cu\%]. \quad (6.10)$$

该式表达了纯氧化铁熔渣在与 Fe‑Cu 二元金属溶液平衡时，熔渣中$(Cu\%)$与$[Cu\%]$之间的关系.

参考 Fe‑Cu 二元系活度的图 4.3 可以看出，当$[Cu]>20\%$时，a_{Cu} 与铜浓度之间近乎呈线性关系，波动较小. 与之对应，根据式(6.6)可以知道，熔渣中的$(Cu\%)$的波动也较小. 拟合图 6.6 中的数据，可以得出：

$$(Cu\%)=0.019\ 24[Cu\%]+0.118\ 04. \quad (6.11)$$

可见，当$[Cu]>20\%$时，采用上式表示熔渣中$(Cu\%)$与$[Cu\%]$之间的关系更为简单.

根据实验结果计算出铜在渣金间的分配比 L_{Cu}，将计算得出的 L_{Cu} 对溶液中的铜浓度作图 6.8.

可见随着铜浓度的升高，L_{Cu} 是逐渐降低的，拟合图中曲线，可以得出 L_{Cu} 与铜浓度之间的关系为

$$L_{Cu}=0.09\exp(-[Cu]/2.302\ 41)+$$
$$0.112\ 8\exp(-[Cu]/43.300)+$$
$$0.018\ 88. \quad (6.12)$$

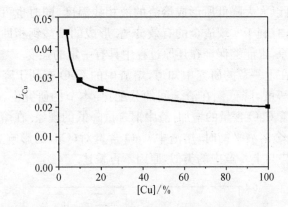

图 6.8   铜的分配比与 Fe‑Cu 溶液中铜浓度的关系

由图 6.8 可以看出,在铜浓度小于 20％的时候,随着铜浓度的增加,L_{Cu} 下降得很快. 而大于此浓度后,L_{Cu} 的下降趋势变缓. 根据式(6.6),可以写出铜的分配比:

$$L_{Cu} = \frac{(CuO_{0.5}\%\ )}{[Cu\%\ ]} = \frac{1}{K_P}\left(\frac{a_{FeO}}{a_{Fe}}\right)^{1/2}\frac{1}{\gamma CuO_{0.5}}f_{Cu}. \qquad (6.13)$$

通过上式可以看出 L_{Cu} 与 γ_{Cu} 之间的关系,在 4.2.1 节的论述中可知,Fe‑Cu 系是一个强烈偏离理想溶液的体系. 由图 4.3 中 Fe‑Cu 二元合金中的活度与溶液中铜的摩尔分数之间的关系可以看出,该体系中铜的活度对拉乌尔定律有较大的正偏差,特别是在摩尔分数小于 0.2 的情况下,偏离程度较甚. 由于在温度、氧分压及熔渣中 $\gamma CuO_{0.5}$ 确定的情况下,$L_{Cu} \propto \gamma_{Cu}$,因此 L_{Cu} 也呈现出与 γ_{Cu} 对应的变化规律.

6.3.3   熔渣成分对铜、锡在渣金间分配比的影响

由第四章对渣系的论述中可知,在渣化法分离铁元素与铜锡元素的过程中,最好采用铁酸钙液相体系. 熔渣中的非铁元素氧化物应以 CaO 为主,CaO 与 SiO_2 一样,可以有效地降低富 FeO 熔渣体系的

熔点. 它可以大大降低所形成熔渣的液相线温度,同时也可以降低熔渣的密度,有利于实现渣金的有效分离. 形成的铁酸钙相即有利于下一步的还原,也能够保证在还原过程中具有一定的强度.

同时在上一章的研究中知道,熔渣中的 CaO 有利于降低铜在熔渣中的溶解度,降低铜在渣金间的分配比. 本节的研究中,我们也观察到了随着 CaO 含量的增加,渣中铜含量降低的现象. 在熔渣与 Fe - 10%Cu 合金溶液平衡时,熔渣中 CaO 含量对(Cu)的影响见图 6.9. 其影响趋势与上一章中的类似,原因不再赘述.

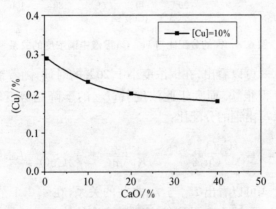

图 6.9　熔渣中(Cu)与 CaO 之间的关系
(1 873 K, [Cu]=10%)

结合上一章中的数据,将熔渣中 CaO 含量对熔渣中(Cu)的影响绘制成图 6.10.

由图可以看出: Fe - Cu 溶液中同样铜含量的情况下,随着熔渣中氧化钙的增加,与 Fe - Cu 溶液平衡的熔渣中(Cu)含量降低. 其影响在铜含量较低时相对较小,随着溶液中铜含量的升高,其影响逐渐变大,在纯铜溶液时为最大.

我们知道炼铁生产对矿石中铜含量的要求是必须小于 0.3%,若以此为要求,沿(Cu)=0.3%作一条直线,与不同熔渣成分中的铜含量线相交于图中的 d、e、f 点,对应点的铁溶液中的铜含量即可由图

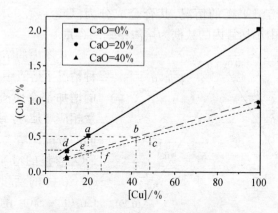

图 6.10　熔渣成分与 Fe‑Cu 溶液成分对熔渣中(Cu)的影响

中读出. 可见在获得满足炼铁生产需求的纯 FeO 熔渣的情况下,渣化法可以将铁溶液中的铜富集至 10%;当 CaO 含量提高到 20% 时,可以将铜富集至约 20%;而将 CaO 的含量提高到 40% 时,则可以将铜富集至 26% 左右. 若熔渣中铜含量限制在 0.5% 时,沿(Cu)=0.5%作一条直线,同样地可以读出其相应的铁溶液中的成分. 图中 a、b、c 点是(Cu)=0.5% 时与不同熔渣成分中的铜含量线的交点,可见采用纯氧化铁熔渣时可以将铜富集至 20%,而采用含 20% CaO 的富 FeO 熔渣时,则可以将铜富集至约 42%. 如果渣化过程是以富集有价金属元素为目的,则由此可以得出有价金属元素的富集程度. 图 6.10 在分析和确定渣化过程中各种参数时是非常有意义的.

　　熔渣中的成分对元素在渣金间的分配有着重要影响,硅、锰等元素的氧化物也会对金属元素在渣金间的分配产生影响. 如第四章所述,本研究不对废钢熔体氧化初期的氧化反应进行研究,并假设铁溶液中的硅、碳、锰等元素已经被氧化至很低的水平,主要考虑铁元素开始大量氧化时期的氧化还原反应. 因此未对 SiO_2、MnO 等的影响进行研究,但作为对比也进行了一些含有 SiO_2 成分熔渣的实验.

　　图 6.11(a)是 1 873 K 温度条件下,Fe‑Cu 溶液与富 FeO 熔渣的平衡的情况. 而图 6.11(b)是 1 873 K 温度条件下,Fe‑Cu‑Sn 合金

与富 FeO 熔渣平衡的情况,其合金成分为[Cu]＝1.96％,[Sn]＝0.71％.图中小括号内的数据为熔渣中铜的含量.

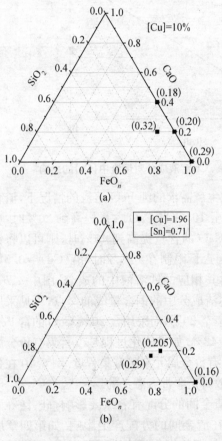

图 6.11　1 873 K 熔渣中(Cu)与
熔渣成分的关系

从图中的结果可见,两种情况下熔渣中 SiO_2 含量的增加都会使渣中的铜含量相应增加,导致铜在渣金间的分配比增大. 其原因是 SiO_2 含量的增加使得熔渣中 Cu_2O 的活度降低[187], $Cu_2O \cdot SiO_2$ 的形成抑制了 Cu_2O 被还原进入金属液的比例,增大了 Cu_2O 在熔渣中的溶解.

文献[188]研究结果认为锡在二元硅酸铁熔渣远远大于其在 FeO_x - CaO - SiO_2 三元熔渣中的溶解度,1 473～1 573 K 温度范围内两者之间约是 3 倍的关系. FeO_x - CaO - SiO_2 三元渣系中,在 CaO/ SiO_2 约等于 2 时,锡在渣中的溶解为最小,随着 CaO/ SiO_2 比值的增加,渣中锡含量相应增加.

6.4　熔渣的显微观察

取实验所获得的部分熔渣试样,经镶嵌后,再经过粗磨、细磨和抛光,然后采用光学显微镜和电子显微镜对熔渣进行了显微观察,现将观察结果叙述如下.

图 6.12 是 SEM 下熔渣晶体的形貌,左图为发育完整的树枝状氧化铁晶体的形貌,右图是典型的八面体 Fe_3O_4 晶体.

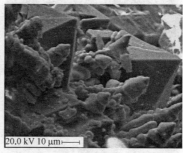

图 6.12　电子显微镜下典型的熔渣晶体形貌

在光学显微镜下也对熔渣进行了显微观察,图 6.13 是熔渣中完整树枝状氧化铁晶体和晶体中含有偏析点的照片.

图 6.13　光镜下熔渣中完整氧化铁晶体和晶体中含有偏析点的照片

在熔渣的显微观察中发现有许多明显的金属偏析点,见图 6.14. 图中亮白色即为金属偏析点,光镜下金属偏析点的照片更为清晰、直观.浅色部分为树枝状磁铁矿物晶体.

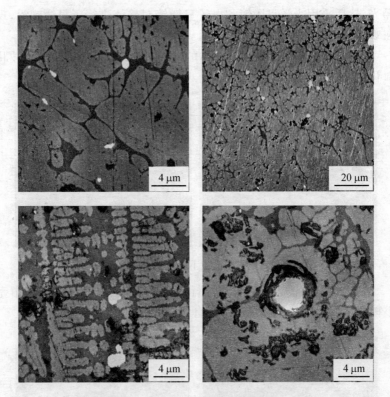

图 6.14　熔渣中铜偏析点的典型照片

　　其中在对 H 组实验中获得的熔渣进行观察时,采用 X 射线能谱
对其中的金属偏析点成分进行了分析,分析结果见表 6.4. 结果表明:
金属偏析点的成分差距较大,其中铜元素含量的变化范围 43%～
75%,锡元素含量的变化范围 18%～36%.

　　图 6.15 和 6.16 分别是电子显微镜下熔渣中金属偏析点的形貌
以及对应偏析点的能谱分析图.

　　在第五章的研究中,我们知道铜、锡元素在熔渣中除了会发生氧
化溶解外,还有可能以金属态的形式溶解于熔渣中,即铜、锡元素会
部分地物理溶解于熔渣中.

表 6.4   熔渣中部分金属偏析点的能谱分析结果

序号	Cu% (%)	Sn% (%)	O% (%)	Fe% (%)
1 - 5	56.68(65.85)	36.03(22.41)	0.64(2.95)	6.65(8.79)
U1 - 6	56.07(64.52)	36.41(22.43)	0.98(4.48)	6.54(8.56)
U1 - 7	64.33(73.01)	31.67(19.24)	0.80(3.61)	3.21(4.14)
U3 - 2	73.70(80.21)	23.27(13.56)	0.81(3.49)	2.22(2.74)
U3 - 4	72.32(74.00)	22.07(12.09)	2.55(10.36)	3.06(3.56)
U3 - 5	75.67(82.59)	22.18(12.96)	0.57(2.49)	1.58(1.96)
U1 - 1	—	—	18.84(43.42)	77.41(51.09)

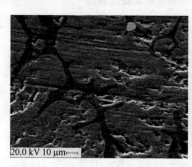 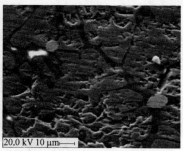

图 6.15   熔渣中的金属偏析点

本章熔渣中金属珠的观察与上一章的观察有些不同,观察中未发现有较大颗粒的金属珠,最大尺寸不超过 20 μm. 由图 6.14 和 6.15 可以看出,金属珠绝大多数小于 10 μm. 这主要是因为本章研究中的金属溶液为 Fe - Cu 或 Fe - Sn 溶液,铜、锡含量较小,而上一章研究使用的是纯铜或纯锡溶液. 根据文献的资料[189]:含铜 0.2%~4.5% 的铁溶液,在 1 873 K 温度时,其相应的蒸气压为 1.33~26.66 Pa,比金属铜、锡的蒸气压约低 2 个数量级,在本研究条件下,其作用可近似忽略.

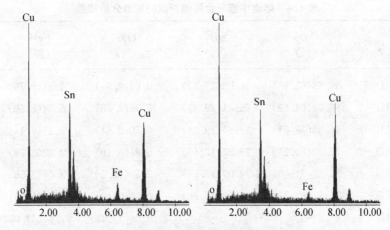

图 6.16　熔渣中对应偏析点的能谱分析图

6.5　本章小结

采用化学平衡法对铜锡元素在富 FeO 熔渣与金属液之间的分配规律进行了研究. 研究结果表明：在 1 823～1 923 K 的温度范围内，得出的(Cu％)与温度之间的关系：

当[Cu]＝10％时，(Cu％)＝－1.18＋8×10⁻⁴ T；

当[Cu]＝1.96％时，(Cu％)＝－0.75＋5×10⁻⁴ T.

而在[Sn]＝0.71％时，温度对锡在渣金间分配的影响甚微. 铜在渣金间的分配比随着温度的升高而升高，但温度对低浓度下的分配比影响更大一些，而在高浓度时其影响变小，分配比的增势明显变缓.

根据渣金间的化学平衡研究铜在富 FeO 熔渣与金属溶液之间的分配，当[Cu]＜20％时，得出了熔渣中(CuO₀.₅％)与[Cu％]之间的关系为

(CuO₀.₅％)＝{0.069 22exp(－0.105 5[Cu％])＋0.021 6}[Cu％].

上式可以用于计算[Cu]含量小于 20％时,渣金平衡时熔渣中的 (Cu)含量. 对于[Cu]＞20％时,用下式表示则更为简单:

$$(Cu\%) = 0.019\ 24[Cu\%] + 0.118\ 04.$$

L_{Cu} 与铜浓度之间的关系为

$$L_{Cu} = 0.09\exp(-[Cu]/2.302\ 41) +$$

$$0.112\ 8\exp(-[Cu]/43.300) +$$

$$0.018\ 88.$$

富 FeO 熔渣的成分对铜在渣金间的分配比有重要影响,适量的 CaO 有利于降低铜在熔渣中的溶解. 在 Fe‐Cu 溶液中同样铜含量的情况下,随着熔渣中氧化钙含量的增加,熔渣中(Cu)含量降低. CaO 的影响在 Fe‐Cu 溶液中铜含量较低时相对较小,随着溶液中铜含量的升高,其影响逐渐变大,在纯铜溶液时为最大. 在本研究条件下,熔渣中 SiO_2 含量的增加,会使熔渣中铜的溶解增大.

若以炼铁生产对矿石中铜含量必须小于 0.3％的要求为限,在获得满足炼铁生产需求的纯 FeO 熔渣的情况下,渣化法可以将铁溶液中的铜富集至 10％;当 CaO 含量提高到 20％时,可以将铜富集至约 20％;而将 CaO 的含量提高到 40％时,则可以将铜富集至 26％左右.

在 SEM 和光学显微镜下,对各种熔渣进行了观察,并对其中的金属偏析点进行了能谱成分分析,结果表明:金属偏析点的成分差距较大,没有发现与熔渣中铜、锡含量之间有明显的规律性.

第七章　含铜、锡等元素铁溶液渣化过程的实验研究

前一章对铜、锡元素在渣金间的分配规律进行了研究,并对影响渣金间分配规律的一些因素进行了分析.从理论分析和实验的结果我们知道:铜、锡元素在渣金间的分配主要受炉渣中氧化物的活度系数(γ_{MO})、氧势(P_{O_2})、熔体中金属的活度系数(γ_M)、金属价数(v)和温度(T)等因素的影响.废钢熔体是以铁为主要元素,并含有碳、硅、锰、磷、硫等常见元素,以及铜、锡、砷、锑、铋、镍、铬、钼等金属元素的金属溶液,其成分十分复杂.在金属渣化过程的不同时期有着不同的氧化反应,根据选择性氧化原理和氧气顶吹转炉炼钢的生产实践,我们知道金属熔体中首先氧化的是硅、碳、锰等易氧化元素,而后是铁元素及与铁元素氧势相近元素的氧化,这其中发生的氧化还原反应是十分复杂的.硅、碳、锰等是钢水中的常见元素,也是废钢金属熔体中的常见元素,它们的氧化行为已经有较为透彻的研究,本文不再赘述.

因此,本研究不考虑废钢熔体氧化初期的氧化反应,并假设铁溶液中的硅、碳、锰等元素已经被氧化至很低的水平,主要考虑铁元素开始大量氧化时期的氧化还原反应.

本章在感应炉冶炼的条件下,对铜、锡元素的氧化及其在渣金间的分配规律进行了研究.下面首先介绍铁溶液中元素的氧化机理及铁溶液中元素的氧化方式.

7.1　铁溶液中元素的氧化机理

7.1.1　铁溶液中元素的氧化机理[190]

在向铁溶液的熔池吹氧时,第一步是气体氧分子分解并吸附在

铁的表面上：

$$1/2O_2(g)=[O]_{吸附}, \tag{7.1}$$

然后，吸附的氧溶解于液态铁中：

$$[O]_{吸附}=[O]. \tag{7.2}$$

氧溶解于熔铁中并能与铁和其他杂质生成氧化物. 其中氧与铁可生成三种化合物：FeO、Fe_3O_4、Fe_2O_3. 它们的稳定性取决于气相的氧化势、温度条件等因素. 假定它们各以纯物质状态存在,在炼钢温度下可以通过比较它们的分解压和炉内气相的氧分压来判断它们的稳定性.

在炼钢温度和气相氧的分压下(氧气顶吹转炉内 $P_{O_2} \approx 1$ atm),FeO 和 Fe_3O_4 都是稳定的,而 FeO 的稳定性更强. Fe_3O_4 可以看作是 $FeO \cdot Fe_2O_3$,在炼钢炉渣中的铁的氧化物以 FeO 为主,随着气相 P_{O_2} 的变化,也有一定数量的 Fe_2O_3 存在. 氧气顶吹转炉内,渣中 $(Fe_2O_3)/(FeO)$ 之比变动于 $0.3 \sim 1.5$ 之间,平均值约为 0.8.

铁的氧化和还原反应与其他元素的氧化密切相关,因为用氧化铁氧化其他元素时也就是铁的还原. 铁的氧化还原反应如下：

$$2Fe+O_2(g)=2(FeO), \tag{7.3}$$

$$2(FeO)+1/2O_2(g)=(Fe_2O_3), \tag{7.4}$$

$$(Fe_2O_3)+Fe=3(FeO), \tag{7.5}$$

$$(FeO)=Fe+[O], \tag{7.6}$$

熔渣中的(FeO)和氧化性气体接触时,被氧化成高价氧化物.

而在与金属接触时,高价氧化铁被还原成低价氧化铁. 由于这个变化,气相中的氧可透过熔渣层传递给金属熔池,其过程如图 7.1 所示.

当这个传氧过程达到平衡时,金属中的$[O]$由熔渣的氧化性所确定. 在不同的 a_{FeO} 的熔渣下金属中的饱和含氧量可由下式计算出：

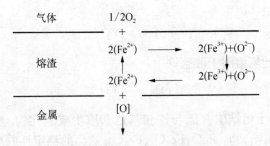

图 7.1　炉渣传氧示意图

$$\log \frac{[\mathrm{O}\%]}{a_{\mathrm{FeO}}} = -\frac{6\,320}{T} + 2.734. \qquad (7.7)$$

实际上,由于金属中的杂质和氧反应,使得金属中的实际含氧量低于上式的计算值. 在氧流与金属液直接接触的情况下,在金属液面形成一层氧化膜,但很快又被高速气流所排除. 在这种情况下,炉渣不再是传氧的媒介. 金属表面氧化生成的氧化铁质点随着熔池的循环运动逐渐汇集到作用区周围的渣层. 有一部分氧化铁和金属中的其他元素发生反应,生成各种氧化物并和氧化铁一同进入熔渣中. 氧化铁在炉渣和金属之间发生着强烈的交换,用 Fe^{59} 做示踪剂在 5 t 的试验转炉中进行测定的结果表明,即使渣量和渣中(FeO)含量变化很小的时候,炉渣和金属之间 Fe 的交换速度可达 $35\sim40$ kg/min(约为装料量的 0.8%). 由金属传给炉渣的 Fe 超过由炉渣传给金属的 Fe 时候,渣中氧化铁就逐渐增加.

氧与铁液直接接触生成 FeO 的过程动力学,已经有人进行过研究[191-192]. 在密闭的反应室内将 100 g 铁置于 $\mathrm{Al_2O_3}$ 坩埚内用感应加热使铁熔化,熔化后通氧气充满反应室,并测定氧分压随时间而降低的过程,通过氧分压表示铁的氧化. 图 7.2 示出了测量结果[193].

由图 7.2 可知,压强首先突然下降到初始压强的一半以下,以后以较慢的速度继续下降. 对此过程作了摄影观察,大体上得到以下结果:

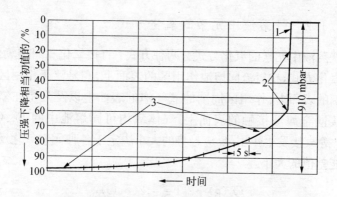

图 7.2　1 600 ℃纯铁氧化期间反应室内氧分压随时间的变化[193]

1. 通入氧的时间；2. 快速吸收氧的过程；3. 氧化物层生
成和氧扩散进入熔体

　　过程开始时表面强烈加热直至超过 2 000 ℃,同时快速吸收氧,吸收的氧量取决于氧分压和熔体表面积的大小,而与温度、熔体体积和搅拌条件无关. 经几秒钟后生成最初的氧化物相,然后表面冷却,吸氧转入较慢区域. 这时的吸收速率与氧分压的平方根成正比.

　　上述快速吸收氧的第一阶段显然是氧在熔体表面薄层中的溶解,因为溶解反应是放热的,所以温度急剧上升. 由此提高了氧在铁中的溶解度,同时也说明了吸收较大量的氧而初期不生成氧化物相的原因. 继续吸收氧超过了溶解度的极限,这导致在熔体表面上生成氧化铁. 反应速率从初始很高的情况下降,单位时间内产生的热量减少,因此表面冷却,铁中氧的溶解度下降,并且表面附近含氧量高的铁层中析出氧化物,这时第一阶段结束. 因为难以定量测定第一阶段中氧化物随时间的变化,所以无法确定速率控制环节. 但是,可以推测,至少在最初阶段,速率由界面反应决定.

　　在熔渣中也像纯氧化铁中一样,氧和其他组元一起从气-渣界面向金属-渣界面传递. 在氧化层厚度较大时,估计扩散是速率控制环节. 通常在工程条件下,通过流动使渣内部的浓度均匀化,因此扩散通常局限于相界面附近的边界层.

7.1.2 铁溶液中元素的氧化方式

铁溶液中元素的氧化方式有两种方式：直接氧化和间接氧化. 按直接氧化方式,在氧流同熔池作用区的表面上、在悬浮于作用区的金属液滴的表面上、作用区周围的氧气泡的表面上以及凡是在氧气能够直接同金属液接触的表面上,气体氧均可同熔池中的 Fe、C、Si、Mn、P 等直接发生作用,反应趋势的大小决定于各种元素氧化反应的自由能差值的大小.

$$O_2(g)+2[Fe]=2(FeO), \tag{7.8}$$

$$O_2(g)+2[Mn]=2(MnO), \tag{7.9}$$

$$O_2(g)+[Si]=(SiO_2), \tag{7.10}$$

$$O_2(g)+2[C]=2CO(g), \tag{7.11}$$

$$1/2O_2(g)+2[Cu]=(Cu_2O). \tag{7.12}$$

按间接氧化方式,在上述氧气泡直接同金属液接触的表面上,氧首先同铁结合,然后 FeO 扩散到熔池内部并溶解于金属中,

$$(FeO)=[O]+Fe, \tag{7.13}$$

C,Si,Cu 等元素同溶于金属中的氧发生作用,

$$2[O]+[Si]=(SiO_2), \tag{7.14}$$

$$[O]+[C]=CO(g), \tag{7.15}$$

$$[O]+2[Cu]=(Cu_2O), \tag{7.16}$$

也有人把反应式写为元素与(FeO)在钢渣界面上的反应. 无论怎样理解,间接氧化方式的起始点是铁首先氧化成 FeO.

如上所述,吹入熔池的气体氧既可以溶解于金属铁液中,又可以成为熔渣的组元,还可以同熔池中的其他元素发生反应.

7.2　表面吹氧方式下含铜、锡铁溶液的渣化实验研究

　　如前所述,本研究不对废钢熔体氧化初期的氧化反应进行研究,并假设铁溶液中的硅、碳、锰等元素已经被氧化至很低的水平,主要考虑铁元素开始大量氧化时期的氧化还原反应. 因此,配置铁溶液时采用工业纯铁,排除了碳、硅、锰等元素对金属熔体渣化过程的影响.

7.2.1　实验设备与实验方法

　　实验在频率为 2 500 Hz,公称容量为 10 kg 的感应炉中进行,炉衬用氧化镁砂捣打制成. 整套设备外形图见图 7.3.

图 7.3　实验用感应炉整套设备外形图

　　以工业纯铁为原料,按比例配加一定量的金属铜或锡配制成所需成分的铁溶液. 所用工业纯铁成分见表 7.1.
　　纯铁在感应炉内熔化后,加入金属铜,待熔清并充分混匀后,采用一次性热电偶测量金属液温度. 用 8 mm×6 mm×1 200 mm(外径×内径×长度) 的刚玉管在熔池上方约 10 mm 处向熔池内吹氧,

氧气为 99.99％的工业纯氧,氧气流量为 0.12 m³/h.渣化过程中,按需要配加一定量的熔渣,达到预定的吹氧时间后,停止吹氧,采用铁棒粘取熔渣试样,并将所有熔渣打净.再次配加不同的熔渣,重复以上操作,粘取不同的试样.整个实验过程中,每 5 min 测定熔池温度一次,仔细调整感应炉的输入功率,以使反应温度控制在 1540～1580 ℃范围内.

表 7.1　所用工业纯铁的化学成分(％)

元素	C	Mn	P	S	Si	Cr
含量	0.004	0.014	0.008	0.008	＜0.02	＜0.02
元素	Cu	V	B	Nb	N	Ag
含量	＜0.02	＜0.01	0.002	＜0.02	0.003	＜0.001
元素	Ni	Co	W	Mo	Al	Ti
含量	0.03	＜0.02	＜0.02	＜0.01	0.04	0.09
元素	Pb	Bi	As	Sb	Sn	
含量	＜0.002	＜0.001	＜0.02	0.003	0.03	

　　感应炉吹氧渣化实验的示意图见 7.4.

7.2.2　实验结果

　　所取熔渣试样经过破碎、细磨后,用磁铁将混入熔渣中的铁珠分离出来,处理后的熔渣试样送化验室分析,其分析结果见表 7.2.熔渣中的氧化镁含量在 2.95％～6.8％之间.

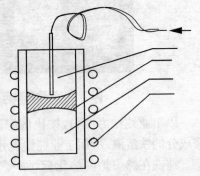

图 7.4　感应炉吹氧渣化实验示意图

1. 吹氧管　2. 熔渣　3. 金属溶液　4. 感应线圈

表 7.2　铁溶液及熔渣的化学分析结果(%)

No.	[Cu]	[Sn]	(Cu)	(Sn)	(CaO)	(SiO$_2$)	L_{Cu}	L_{Sn}
1	0.42	—	0.03	—	5.40	—	0.071	—
2	0.84	—	0.088	—	5.13	—	0.105	—
3	0.84	—	0.063	—	10.29	3.53	0.075	—
4	2.86	—	0.18	—	9.45	—	0.063	—
5	2.86	—	0.23	—	9.39	3.05	0.080	—
6	2.86	—	0.21	—	5.78	—	0.063	—
7	5.33	—	0.35	—	8.38	—	0.066	—
8	5.33	—	0.42	—	9.34	4.34	0.079	—
9	5.33	—	0.41	—	6.57	—	0.077	—
10	5.33	1.5	0.38	<0.1	8.70	—	0.071	<0.067
11	5.33	1.5	0.42	<0.07	6.45	—	0.079	<0.047

表中 L_{Cu}、L_{Sn} 系计算值,其定义为

$$L_X = (X\%)/[X\%],$$

其中:($X\%$)为某元素以氧化态在熔渣中的百分含量;[$X\%$]为某元素在金属液中的百分含量.

7.2.3　分析与讨论

将所获得富 FeO 熔渣中的(Cu)与金属液中[Cu]含量之间的关系作图,示于图 7.5 中.图中的计算值是根据第六章的式(6.10)计算得出的.

由图可见,本实验条件下,(Cu)值的变化基本在图中虚线所框定的范围内波动,随着金属液中[Cu]含量的升高而升高.同样[Cu]含量情况下,随着熔渣中 CaO、SiO$_2$ 成分的不同,渣中(Cu)含量有所变化.由图中还可以看出,渣金间的反应并没有达到平衡时的计算值,但反

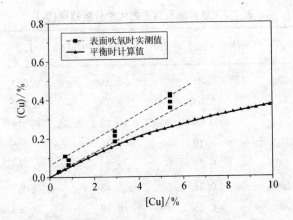

图 7.5　表面吹氧方式下渣化实验中(Cu)与[Cu]的关系

应离平衡不远. 在金属液中铜含量较低时,反应结果较接近平衡值,而随着铜含量的增加,反应结果与计算平衡值的偏离增大.

　　将计算出的元素分配比对铁溶液的成分作图 7.6. 由图可见,元素分配比随着溶液中元素含量的增加而逐渐降低,这个趋势与第六章的研究是一致的.

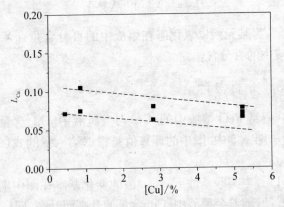

图 7.6　表面吹氧渣化实验的 L_{Cu} 与铁溶液中[Cu]的关系

　　如前所述,铁溶液中的元素在氧化的过程中既可以发生直接氧化,也可发生间接氧化反应.实验中所用的原料为工业纯铁,因此,可以认为迅速发生的是铁元素的氧化,其氧化反应如式(7.3)～(7.6)所示.尽管大量氧化的是铁元素,但铜、锡元素的氧化反应也是可以发生的,氧化反应可以是直接氧化,也可以是间接氧化,其反应方程式为

$$2[Cu]+1/2O_2=(Cu_2O), \tag{7.17}$$

或 $$2[Cu]+[O]=(Cu_2O), \tag{7.18}$$

$$[Sn]+1/2O_2=(SnO), \tag{7.19}$$

或 $$[Sn]+[O]=(SnO). \tag{7.20}$$

从第四章的热力学分析中可以知道,由于氧化过程中的选择性氧化,铜、锡等元素会被铁元素等易氧化元素"保护"起来,即铁元素优先于铜、锡等元素而被氧化,炼钢过程的生产实践也表明了这一点.但实际的铁溶液氧化过程并非完全按照热力学所分析的顺序进行氧化,实际的冶金过程是由动力学条件所决定的.

我们知道 Fe-Cu 溶液的活度与拉乌尔定律有较大的正偏差,见第四章的图 4.3.Fe-Sn 系也是与拉乌尔定律有较大正偏差的溶液,见图 4.5.也就是说:Fe-Cu(Sn)原子间的相互作用比 Fe-Fe 原子间的相互作用小得多,Fe-Cu(Sn)原子间是互相"排斥"的,而不是相互"吸引"的,铜(锡)更易于被"排挤"在溶液的表面.

文献[194]在研究 Fe-Cr-Cu-C 熔体脱碳速率与反应时间的关系时发现:在碳含量大于 1.5% 阶段,脱碳速率与时间成线性关系,这与 Fe-C 熔体的脱碳结果类似.但是,在低碳含量阶段,速率曲线的斜率发生了变化.这表明低碳阶段与高碳阶段的脱碳机理是不同的.

文献[194]认为界面反应速率应该考虑铜的影响,并对其进行了如下描述:根据 Langmuir 吸附等温式,表面层的覆盖由两部分组成.由种类 i 覆盖的部分,所占比例为 θ_i,空白区域为 $1-\sum\theta_i$,化学反应

速率可以表示为

$$k = k_0 (1 - \sum \theta_i), \tag{7.21}$$

其中：k 为速率常数，k_0 为没有表面活性物质时纯金属的反应速率.

覆盖表面与吸附溶质的关系可以表示为

$$(1 - \sum \theta_i) = \frac{1}{1 + \sum K_i \cdot a_i}, \tag{7.22}$$

其中：K_i 为平衡吸附系数，a_i 为吸附溶质的活度.

因此，反应速率常数 K_r 可以写为

$$K_r = \frac{K_0}{1 + \sum K_i \cdot a_i}. \tag{7.23}$$

可见，速率常数反比于吸附溶质的活度. 文献认为：铜质点占据了熔体的反应界面，从而导致了熔体脱碳速率发生了变化. 作者据此对脱碳速率进行了计算，计算值与实验结果取得了较好的一致.

从以上分析可见，由于铜、锡被"排挤"在溶液的表面上，也即是为铜锡元素的氧化提供了必要的动力学条件. 当氧气与 Fe-Cu(Sn) 溶液接触时，虽然热力学上铁优先于铜被氧化，但氧与铜（锡）有了直接接触的条件，铜（锡）也是可以氧化的，被氧化了的铜、锡的氧化物进入熔渣.

但同时，当铜、锡的氧化物与铁元素接触时，也会发生以下的还原反应：

$$1/2[\mathrm{Fe}] + (\mathrm{CuO_{0.5}}) = 1/2(\mathrm{FeO}) + [\mathrm{Cu}], \tag{7.24}$$

$$\Delta G^0 = -33\,712.5 - 34.37T \text{ (J/mol)},$$

$$[\mathrm{Fe}] + (\mathrm{SnO}) = [\mathrm{Sn}] + (\mathrm{FeO}), \tag{7.25}$$

$$\Delta G^0 = 34\,220 - 84.05T \text{ (J/mol)},$$

在实验温度下，上两个反应的 ΔG^0 均为负值，也即两个反应均可以

进行.

尽管冶金过程中从未发现所有存在的相都完全达到平衡的状况,例如,炼钢炉中主要有 4 个相:气体、熔渣、金属和耐火材料,这些相之间各种反应的速度有差别,只有少数反应接近平衡.但是,这种复杂情况并不妨碍将基本定律用于体系中平衡已经建立的那个部分,可以从局部反应平衡的观点来研究这些反应进行的情况.如果渣金间的反应能够达到平衡,渣间反应进行的程度就可以利用上述两个方程来进行分析.

根据反应(7.24)的平衡常数:

$$K_P = \frac{a_{FeO}^{1/2} a_{Cu}}{a_{Fe}^{1/2} a_{CuO_{0.5}}} = \left(\frac{a_{FeO}}{a_{Fe}}\right)^{1/2} \cdot \frac{f_{Cu}[Cu\%]}{\gamma CuO_{0.5}(CuO_{0.5}\%)}, \tag{7.26}$$

由此可以写出:

$$L_{Cu} = \frac{(CuO_{0.5}\%)}{[Cu\%]} = \frac{1}{K_P} \cdot \left(\frac{a_{FeO}}{a_{Fe}}\right)^{1/2} \cdot \frac{f_{Cu}}{\gamma CuO_{0.5}}, \tag{7.27}$$

类似地可以得出:

$$L_{Sn} = \frac{(SnO\%)}{[Sn\%]} = \frac{1}{K_P} \cdot \frac{a_{FeO}}{a_{Fe}} \cdot \frac{f_{Sn}}{\gamma SnO}. \tag{7.28}$$

根据式(7.27)和(7.28)可以分析影响铜、锡元素在渣金间分配比的热力学因素.除了温度的影响因素外,若要降低铜、锡在渣金间的分配比,需要尽量减小熔渣中的 a_{FeO}.但从第四章的论述,我们知道,在获得纯净熔渣的同时,也希望熔渣的铁品位尽量地高,以有利于下一步的还原精炼,其基本要求是要达到可直接入炉还原熔炼的富矿品位要求.因此,在实际调整 a_{FeO} 时将受到此条件的限制.另外就是降低 f_{Cu} 或 f_{Sn},增大金属熔体中的 a_{Fe} 以及增大熔渣中的 $\gamma CuO_{0.5}$ 和 γSnO 都将有利于降低铜、锡在渣金间的分配比.由前面所述可知,增大熔渣中的 CaO 含量有利于增大 $\gamma CuO_{0.5}$ 和 γSnO,可以降低元素在渣金间的分配比.而 SiO_2 含量的增加则不利于降低铜、锡在渣金间的分配比.

图 7.5 中下部的连线即为渣金平衡时的计算值. 可见熔渣中的实测值要比平衡时的计算值高, 这表明渣金反应并没有达到平衡. 在金属液中铜含量较低时, 反应结果较接近平衡值, 而随着铜含量的增加, 反应结果越来越远离平衡值.

当氧气吹入熔池, 氧气流与金属液直接接触的情况下, 在金属液的表面会发生铁元素的氧化, 并在金属液面形成一层氧化膜, 但氧化膜很快又会被气流所排除. 金属表面氧化生成的氧化铁质点随着熔池的循环运动逐渐汇集到作用区周围的渣层. 感应炉加热条件下, 还会由于磁感应的作用而使金属液面不断地更新, 此时炉渣不再是传氧的主要媒介, 气体与金属液直接接触, 并发生反应. 如前所述, 反应 (7.24) 和 (7.25) 的平衡是建立在渣金反应达到平衡时的情况, 该反应是以渣金局部平衡为基础的, 平衡中没有考虑体系中气氛的影响. 感应炉冶炼条件下, 铁溶液渣化过程是一个氧化过程, 体系处于强氧化状态, 反应 (7.17) ～ (7.20) 以及 (7.24) 和 (7.25) 均可以进行. 随着 [Cu] 含量的增加, 铜被氧化的趋势逐渐增大, 被氧化进入熔渣的量增大, 因而使得熔渣中的铜增多, 反应结果也随之越来越偏离平衡值.

感应炉中, 渣金间反应有相当程度的发展, 但熔渣成分也会受到气氛的影响. 由于气体与金属溶液有直接接触的条件, 因此, 熔渣中的铜含量取决于各个反应发展的程度, 也即取决于各个反应的动力学条件. 我们知道在炼钢温度下, 渣金间的氧化还原反应进行得很快, 在渣金间的界面化学反应一般不是反应的限制性环节, 主要是金属熔体或熔渣中的扩散迁移会成为反应的限制性环节. 由第四章的论述可知, 富 FeO 熔渣的密度和渣金界面的黏附功较大, 渣金分离不好, 导致渣金反应的动力学条件变差. 同时, 感应炉内的熔渣温度较低, 渣金间的反应没有达到平衡, 因此实测结果与平衡计算的结果有一定差距.

影响元素在渣金间分配的因素是十分复杂的, 既有热力学因素

(L_M),也有熔体动力学的(扩散系数、接触界面积)、熔体的物性(η,ρ,D_B)的因素,还有操作因素(温度,金属量,熔渣量)等等的影响.

我们知道炼钢过程中铜的回收率很高,通常被认为是大部分都被利用. 其原因是炼钢炉中渣金反应进行充分,即使铜被氧化,被氧化的铜也会很快被铁还原而重新进入钢水中.

广东大宝山共生铁矿经选矿、炼铁后,送入 10 t 氧气顶吹转炉炼钢[195].炼铁、炼钢过程微量元素去向分布见表 7.3.

表 7.3　广东大宝山矿炼铁、炼钢过程部分微量元素去向分布/%[195]

过程	项　目	Cu	Sn	Zn	Pb	Bi	W
炼铁	质量/kg·tp⁻¹	2.261	0.54	2.47	0.745	0.377	0.833
过程	生铁	89	83.3	12.5	34.35	43.3	94.7
	炉渣	10.1	12.2	1.9	54.3	33.3	3.35
	瓦斯灰	0.6	1.9	13.1	2.85	6.7	0.7
	布袋灰	0.3	2.7	72.5	8.4	16.8	0.7
炼钢	质量/kg·tp⁻¹	2.086	0.88	0.208	0.156	0.17	0.674
过程	终点钢	98.3	100	72	86	87.8	34.5
	终点渣	1.7		28.4	14	12.2	65.5

注: tp 为吨产物

可见铜元素还是有一部分被氧化而进入炉渣的. 实际生产中,铜在电弧炉氧化法炼钢的正常条件下的合金收得率为 95％～98％,一般在熔化末期或氧化初期加入. 酸性炉中的收得率约为 95％,中性炉或碱性炉收得率为 98％. 由此可知: 实际炼钢过程中铜并没有全部进入钢水,只是被氧化的很少而被忽略而已.

7.3　深吹氧方式下含铜、锡铁溶液的渣化实验研究

上一节研究了表面吹氧方式下的废钢熔体渣化过程,所有的氧

化反应都发生在金属熔池的液面. 为了探讨吹氧方式对熔体渣化过程的影响,本节对在熔池液面下吹氧情况下的渣化过程进行了研究. 配制金属熔体时,加入了一定量的 As、Sb、Bi 等元素,使得金属熔体的成分更接近于实际废钢金属熔体的成分.

7.3.1 实验方法

实验设备与上一节相同,所用铁料为含碳 0.15% ～ 0.22% 的 Q235A 级钢 6 kg. 铁料熔清后,按比例配加 Cu、Sn、As、Sb、Bi 等元素. 其中,Sn 和 As 预先熔制成 SnAs 合金,其余为纯金属状态加入. 吹入氧气 5 min 后,将浮于钢水液面的熔渣用铁棒打净. 待充分熔清混匀后,测温并用石英管抽取金属样. 然后,用内衬石英管的12 mm× 2 mm×1 200 mm 无缝钢管作为吹氧管,向熔池吹入氧气. 氧气为 99.99% 的工业纯氧,流量为 10 L/min,吹氧 5 min 后,测温并用铁棒取渣样 Z_{J1};取净炉渣后,加入生石灰 60 g,继续吹氧 5 min,测温,取渣样 Z_{J2};并将炉渣取净后,再加入生石灰 120 g,其他操作同上,取渣样 Z_{J3}. 调整金属液的成分后,与以上操作类似,取渣样 Z_{J2}. 整个反应过程的温度控制在 1 540～1 580 ℃范围内.

7.3.2 实验结果

1. 熔渣试样的化学分析.

实验所取试样经过处理后,送化验室分析,化验分析结果如表 7.4～7.6.

表 7.4 铁溶液的化学成分(%)

序号	Cu	Sn	As	Sb	Bi	Fe
J1	1.960	0.721 1	0.182 2	0.283 5	0.052 7	余量
J2	3.715	1.514	0.309 8	0.598 3	0.166 2	余量

表 7.5　熔渣中铜、锡等元素的含量(%)

序号	CaO	Cu	Sn	As	Sb	Bi
Z_{J1-1}	1.8	0.22	0.15	<0.01	0.01	0.03
Z_{J1-2}	9.9	0.20	0.10	<0.01	0.02	0.02
Z_{J1-3}	19.6	0.18	0.10	<0.01	0.01	<0.01
Z_{J2-1}	5.2	0.342	0.173	0.028	0.016	0.015
Z_{J2-2}	9.9	0.299	0.150	0.021	0.012	0.011

表 7.6　铜、锡等元素在渣/金中的分配比

序号	L_{Cu}	L_{Sn}	L_{As}	L_{Sb}	L_{Bi}
Z_{J1-1}	0.112 2	0.208 0	—	0.035 3	0.569 2
Z_{J1-2}	0.102 0	0.138 7	—	0.070 5	0.379 6
Z_{J1-3}	0.091 8	0.138 7		0.035 3	—
Z_{J2-1}	0.092 1	0.114 2	0.090 4	0.026 7	0.090 3
Z_{J2-2}	0.080 5	0.099 1	0.067 8	0.019 9	0.068 4

2. 熔渣试样的 EPMA 分析.

在显微镜下对获得的熔渣进行了观察,发现渣中有许多小颗粒的金属珠,见图 7.7(a).这些金属珠是由于金属溶液的扰动与熔渣混合在一起,两者分离不好而引起的,有关这一点已在 7.2.3 中进行了叙述.利用电子探针对金属珠进行成分分析,金属珠中铜元素的面扫描见图 7.7(b),锡元素的面扫描与之类似.而熔渣基体的铜、锡元素扫描却很难显示,在放大 1 000 倍的情况下,可发现有少量偏析点,见图 7.7(c).可见金属珠的铜、锡含量远大于熔渣基体中的铜含量和锡含量.

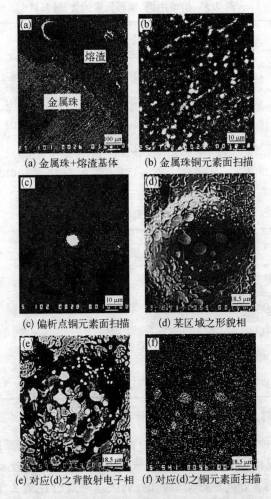

(a) 金属珠+熔渣基体　　　(b) 金属珠铜元素面扫描

(c) 偏析点铜元素面扫描　　(d) 某区域之形貌相

(e) 对应(d)之背散射电子相　(f) 对应(d)之铜元素面扫描

图 7.7　富 FeO 熔渣试样的 EPMA 图

　　在电子探针下,可观察到熔渣中 Cu、Sn 等元素的分布是不均匀的. 铜、锡元素易于偏析并积聚在一起,形成偏析点. 见图 7.7(c)、(d)、(e)、(f)的 EPMA 照片. 偏析点电子探针的成分分析结果见表 7.7.熔渣基体中的铜、锡、锑、铋等成分已经无法用电子探针测出.

表 7.7   熔渣中偏析点的 EPMA 成分分析结果

序号	Cu	Sn	Sb	Bi	备注
P1	0.80	0.56	0.14	0.27	偏析点
P2	65.06	19.29	1.47	2.52	偏析点
P3	11.98	6.65	0.36	14.05	偏析点
P4	72.01	2.40	1.28	4.57	偏析点

7.3.3   分析与讨论

将熔池表面吹氧和液面下深吹氧方式渣化实验中的结果绘制在同一个图中,见图 7.8.

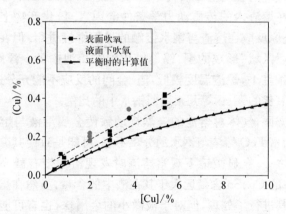

图 7.8   表面吹氧与溶池液面下吹氧渣化实验的对比

图中带▲符号的为溶池液面下深吹氧方式渣化过程的实验数据,黑圆点符号的为表面吹氧方式渣化的实验数据,从表 7.2、7.5 和图 7.8 可以看出:在相同铜含量的情况下,深吹氧方式时,铜在渣金间的分配比约比表面吹氧方式下的高 30%～40%,而锡在渣金间的分配则高出约一倍.下面就其原因进行分析.

当喷吹氧枪在溶池的液面下吹氧时,氧气在喷枪的喷口处形成

"火点",并扰动溶液,形成的氧化物和金属液一起被气体带出溶池,上升至溶池的液面.这期间进行的所有反应与上一节中叙述的一样.

吹氧渣化过程与氧气顶吹转炉吹炼时硬吹的情形类似.在氧气射流下测得"火点"处的温度为 2 200～2 500 ℃[196],如此高的温度下,铁溶液中的所有元素都会迅速地氧化,转炉炼钢过程中认为这是吹入的氧气全部都消耗在该处元素氧化的原因.氧气喷口附近生成的反应产物在离开高氧势区域后,在上浮的过程中与钢水接触继续进行着化学反应.由于铁具有明显的优先于铜氧化的热力学条件,因此,钢水中的铁便能够将铜(锡)的氧化物还原而重新进入钢水,还原反应方程式见(7.24)和(7.25),各种反应进行的程度则取决于反应的动力学条件.

还原反应的程度主要取决于渣-金反应的界面积、上浮时间以及反应物质在熔渣内的传质动力学条件等因素.氧化产物上浮到熔池表面后,还原反应在熔渣与钢水接触的界面继续进行.但在感应炉条件下,"火点区域"形成的铜、锡等氧化物在熔池中的上浮距离很短,且感应炉条件下,炉渣温度较低,渣-金间的反应不能充分进行,从而限制了被氧化的铜、锡等元素返回钢水中的比例.

另一方面,气体对熔池的强烈扰动致使金属溶液与熔渣产生部分混合,而富 FeO 熔渣与钢水的分离不好,可能是致使其分析结果较高的原因之一.在显微镜下观察熔渣时发现渣中带有微小颗粒的金属珠,其中的 Cu、Sn 含量远大于其在渣中的含量,虽然在熔渣成分分析之前对其进行了处理,但对于极微小的金属珠,也有可能没有处理彻底,从而导致熔渣中的 Cu、Sn 含量偏高.

在一些文献中报道了熔渣中金属粒的含量,液滴大小分布,及液滴成分的测定结果[197].这些结果给出了雾化的液滴所参与反应的范围和随时间的变化过程.为了描述这些反应的宏观动力学,必须知道液滴大小的分布,液滴在渣中雾化的数量和它们在液滴中的停留时间.根据该研究,液滴大小分布可以用 Rosin-Rammler-Sperling 分布(RRS 分布)函数表达:

$$Rs = 100\exp\left[-\left(\frac{d}{d'}\right)^n\right](\%),\qquad(7.29)$$

式中：Rs 为直径大于 d 的颗粒的累积数量，n 和 d' 为分布函数的参变数，其中：d' 是分布中颗粒细度的尺度；指数 n 是衡量分布的均匀性参数. 若 $d = d'$，则 $100/Rs = e$，即 $Rs = 36.8\%$. 在氧气顶吹转炉中所取渣样中的金属粒子，d' 为 $1 \sim 4$ mm，而 n 为恒定值 1.3. 当 d' 取 3 mm 时，90% 的颗粒在 $0.3 \sim 7.5$ mm 之间. 该研究中[192]还测量了液滴尺寸的整个频谱，证实了存在非常大的金属液滴，这些巨大的液滴在转炉中很快沉降分离，所以不可能保留在所取的渣样中.

而本研究条件下的情况与之有所区别，由第四章中的论述可知：富 FeO 熔渣的密度较大，而且随着 FeO 含量的增加，渣金间的界面张力逐渐降低，导致黏附功增大，渣金分离不好. 由于感应炉中渣温较低、熔渣黏度大，因此渣金分离不是很彻底. 在显微镜下可以观察到熔渣中混有许多金属珠，见图 7.9，其定量关系还很难确认. 在熔渣的成分分析时，虽然已将大部分金属珠仔细地去除，但遗留的细小的金属颗粒还会引起分析结果的偏差.

图 7.9　渣金界面处典型的渣金混合及熔渣中的金属珠照片

现有不多的实验研究结果对于如下的事实看法都是一致的，即在吹炼过程中炉渣含有很高比例的金属珠. 因而，在金属和液态氧化物之间有很大的接触面积. 金属珠的重量百分数,从 1 600 ℃黏稠渣内的约 15％~20％,到 1 700 ℃完全均匀液态渣内的不到 1.5％.

根据表 7.5 的实验结果绘制成图 7.10.

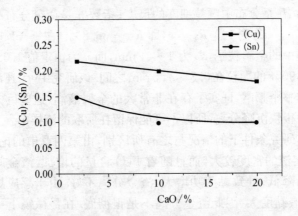

图 7.10 渣中 CaO 含量对(Cu)、(Sn) 含量的影响

从图中可以看出随着渣中 CaO 的增加,渣中铜、锡含量有所降低,这与前两章的研究结果一致. 在本研究条件下,碱性熔剂 CaO 的加入还可以大大降低 $CaO \cdot FeO \cdot Fe_2O_3$ 体系熔渣的密度,改善了反应物质在熔渣中的传质条件,加快了反应的速率. 并且 CaO 的增加可以增大熔渣中 Cu_2O 的活度,这将利于反应(7.24)的进行. 文献[198] 的研究中也有类似现象的报道,与上一章的研究结果也是相吻合的.

从表 7.5 和表 7.6 中可以看出,熔渣中 As、Sb、Bi 的含量很低. 其中 As 的含量已经无法用 ICP 方法分析出来,锑在渣金间的分配比在 0.03~0.07 之间,而铋的分配比稍高一些. 对于熔渣中 As、Sb、Bi 等元素的微量分析,ICP 方法不是很敏感,应该采用氰化物气体发生加原子吸收光谱的方法更为合理,或者是配加质谱仪的方法来分析.

从表 7.7 中可以看出,熔渣中偏析点的成分差别很大. 铜的含量可以从 0.8％到 72.01％,锡的含量从 0.56％到 19.29％,其他元素的变化范围也很大,其组成尚未发现有任何规律. 图 7.7 中(f)为铜元素

面扫描,锡元素与之类似. 在研究中发现铜、锡等元素总有类似的
分布,偏析点似乎易于"吸收"Cu、Sn、Sb、Bi 等元素,这与以硅酸铁为
主要成分的铜转炉渣中对熔渣的观察是一致的[199-200]. 被氧化了的铜
(锡)氧化物在冷却和凝固过程中会发生如下置换反应:

$$Cu^+ + Fe^{2+} \longrightarrow Cu^0 + Fe^{3+}. \qquad (7.30)$$

在终渣的抛光面上可以明显看出细小铜珠. 用显微探针分析仪对这
些相进行观察,金属铜是以光亮的圆形粒子形式存在. 铜珠被氧化铜
(CuO_x)所包裹,氧化铜相是细小晶粒共晶结构的一部分. 这些晶体
常被富铁的铁酸盐($[Fe,Ca] O \cdot Fe_2O_3$)所包围,它们呈现出稍微放
光的阴影区[199]. 有研究表明即使是对熔渣进行淬冷,反应(7.30)也
是可以发生的[200]. 对于这种现象的定量描述尚未进行,这需要大量
的统计分析和更多的实验研究.

为探讨金属偏析点在熔渣中所占的比例,采用与第五章相同的
方法对熔渣中金属相所占的比例进行了定量的测量. 图像分析时所
取视域的典型图片,如图 7.11 所示,测量结果见表 7.8.

图 7.11　图像分析时所取视域的典型图片

从定量测量结果记录表可以看出,分析结果有一定的分散性. 在
光学显微镜下铁珠与铜、锡的金属偏析点均呈现出亮白色,难以区

分,所以测量的结果是两者之和. 所做的测量结果仅对所取试样有意义,这一样品对全部炉渣不一定具有代表性,因此,测量所得结果仅被看作是反映熔渣样品特征的. 对熔渣中的实际情况还存在着一些不确定性.

表 7.8 矿物定量测量结果记录表

试样号	面积百分数/%	备　注
A4	0.14	金属偏析点＋铁珠(任选视域的均值,下同)
A5	0.09	金属偏析点＋铁珠
A7	0.11	金属偏析点＋铁珠
A8	0.21	金属偏析点＋铁珠
A9	0.15	金属偏析点＋铁珠
A10	0.11	金属偏析点＋铁珠
Z1	0.13	金属偏析点＋铁珠
Z2	0.10	金属偏析点＋铁珠
Z3	0.07	金属偏析点＋铁珠

由图可见,熔渣中金属珠的元素含量与其尺寸大小之间没有明显的对应关系,无论颗粒大小,其中的元素含量都会有很大的变化. 高倍显微镜下观察分布于富 FeO 熔渣中的细小颗粒状金属小珠,并对其进行了统计. 如果将其分为大、中、小三种不同尺寸的颗粒,则其中大颗粒数($10\sim30~\mu m$) 约占 0.5%,中颗粒数($5\sim10~\mu m$) 约占 2.0%,小颗粒一般为圆点状、直径为$<5~\mu m$,约占总数量的 97.5%. 尽管小颗粒的金属珠在数量上占据大多数,但由于颗粒体积比(对均质体来说即是其质量比)与粒径之间呈三次方的正比关系,因此,其所占质量比还是很小的.

对金属偏析点进行了微成分分析,将颗粒尺寸与其中的成分分析结果绘图,见图 7.12 和图 7.13.

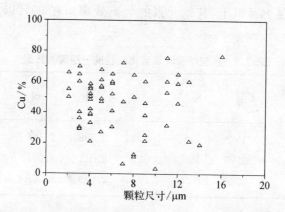

图 7. 12　熔渣中金属珠颗粒尺寸与其中的 Cu 元素含量关系

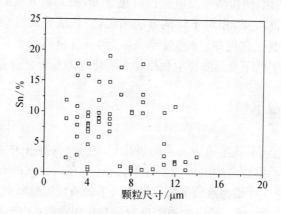

图 7. 13　熔渣中金属珠颗粒尺寸与其中的 Sn 元素含量关系

将深吹氧渣化实验中的一组数据整理,单独列成表 7.9.

从表 7.9 中的实验数据来看,金属残液中的各种残存元素已经富集至较高的程度,而熔渣中的(Cu)<0.3%,低于炼铁过程对矿石杂质含量的要求.其他元素含量也很低,完全能够满足炼铁对杂质元素含量的要求.若假设废钢溶液中的原始铜含量按 0.5%计、原始锡的含量按 0.1%计,则铁、铜元素的分离效率达到 87%,而铁、锡的元素

分离效率在 94% 以上,其他元素的分离效率均在 90% 以上或更高
一些.

表 7.9 感应炉深吹氧渣化实验的一组实验数据

项目 \ 元素	Cu	Sn	As	Sb	Bi	备注
金属液	3.715	1.514	0.309 8	0.598 3	0.166 2	
熔渣	0.299	0.150	0.021	0.012	0.011	CaO, 9.9%
L_X	0.080 5	0.099 1	0.067 8	0.019 9	0.068 4	

根据以上对渣化过程的论述可以推测,若是采用电弧炉对金属
溶液进行渣化,使得渣金反应进行得更充分,则元素分离的效果会更
好一些. 由此可见,相对于其他方法来说,渣化法分离废钢溶液中的
金属元素,其工艺简单、分离效率高,多种有价金属元素可以同时被
富集,这对于电子废品的再生利用和无害化处理是十分有意义的.

7.4 本章小结

本章论述了铁溶液中元素的氧化机理以及铁溶液中元素的氧化
方式,在实验室感应炉冶炼的条件下,进行了在表面吹氧方式下的渣
化实验研究和在熔池液面下深吹氧方式下的渣化实验研究.

研究表明:感应炉内的渣金反应没有达到平衡,实测值与计算的
平衡值之间有一定差距. 在金属液中铜含量较低时,反应结果较接近
平衡值,而随着铜含量的增加,反应结果与计算平衡值的偏离逐渐增
大. 适量增加渣中 CaO 的含量可以降低铜、锡等元素在渣-金之间的
分配比.

吹氧方式的不同对熔渣中的铜、锡含量是有影响的,同样的[Cu]
含量条件下,深吹氧方式获得的富 FeO 熔渣中铜含量约比表面吹氧
方式获得的熔渣高约 30%. 液面下深吹氧条件下铜元素在渣-金之间

的分配比在 0.08～0.11 之间；而表面吹氧方式的渣金分配比约在 0.06～0.08 范围内. 对于锡来说，吹氧方式对其分配比的影响更大一些，在[Sn]=1.5%、深吹氧时其分配比约为 0.099～0.114，而表面吹氧时为 0.047～0.067.

对渣化后获得的熔渣进行了显微观察，并利用电子探针对其中的金属偏析点进行了成分分析. 结果表明：熔渣中的铜、锡分布是不均匀的，且易于积聚在一起. 在光学显微镜下铁珠与铜、锡的金属偏析点均呈现出亮白色，难以区分，所以测量的结果是两者之和. 所做的测量结果仅对所取试样有意义，因此，所得测量结果仅被看作是反映熔渣样品的特征.

从实验结果来看，渣化法可以将 Cu、Sn、As、Sb、Bi 等元素富集到一定程度，而保持熔渣的纯净性，元素分离是十分有效的.

在实验室条件下获得了含铜量符合炼铁需要的富氧化铁熔渣，并将有价金属元素富集于钢水残液中.

第八章 结 论

　　金属再生循环利用是构筑循环经济社会的重要一环,特别是被现代社会最广泛使用的钢铁材料的循环再生利用受到人们的特别关注.由于钢铁材料占整个社会所使用的金属材料的90%以上,因此,废钢的循环利用对社会循环经济的实现具有非常重要的意义.本文论述了废钢循环在整个循环经济活动中的重要性和在钢铁材料可持续发展过程中不可替代的作用;介绍了现代社会对钢铁材料日益提高的纯净度要求与现今废钢质量下降的趋势之间所存在的矛盾;对废弃家电和废弃汽车中回收的废钢给予了特别的关注和论述;较全面地综述了现有的金属元素分离技术,并指出了它们的局限性.本文在对渣化法分离铁与有价金属元素原理进行理论分析的基础上,研究了铜、锡元素在富FeO熔渣中的氧化溶解行为及其在渣金之间的分配规律,并在感应炉冶炼条件下,对废钢溶液的渣化过程进行了研究.

　　综合本文的论述和研究,将主要结论总结如下:

　　1.本研究首次明确提出:现有的通过配加纯净铁原料(如铁水、DRI(HBI)、FeC_3 等)来稀释钢水中有害残存元素的方法,尽管在现有条件下看似一条提高钢材纯净度的捷径,然而从金属循环的角度看,则是扩大了钢铁材料的污染面,破坏了钢铁材料循环利用的"生态"环境,增加了金属再次循环的难度.理论研究和生产实践都证明:钢材的纯净度对其性能和使用寿命具有很大的影响,钢中有害杂质含量降低到一定水平,钢材的性能将会发生质变的提升.在金属循环过程中维护和保持金属基体的纯净性是至关重要的.目前采用稀释法利用回收废钢的观点被普遍接受,但这种观点还是停留在线性经济的思维定式里,只是以成本最低为原则的发展模式,显然已不符合发展循环经济的要求.应当看到,与环境协调发展是当今社会发展的主流,人类社会的经济发展正在逐渐从成本最低型、成本-效益兼顾型,走向与环境协调的环境有益型发展模式.

根据有害残存元素在废钢中的蓄积状况以及从废弃汽车、废弃家电中回收废钢的特点,指出这类废钢的特点是含有较高的对钢材性能有害、但却是有价的 Cu、Sn、As、Sb、Bi、Cr、Ni、Mo 等金属元素,它们明显地不同于普通废钢,应予以专门处理.若将该类废钢视为废弃物,而不是"载能资源",则在处理上就应该以回收其中的有价元素为主,而不是进行简单的稀释后利用.这样既可以富集和回收其中的有价元素,又可以减轻这些元素对钢材性能的有害影响.

2. 从可持续发展的观点出发,提出了衡量废钢的价值应该全面考虑的观点,废钢价值应包括以下几个主要因素:

(1) 废钢所含的一次资源的价值;

(2) 废钢再生过程的能量消耗;

(3) 废钢中有害残存元素的含量水平(对钢材性能的影响);

(4) 废钢处理的环境效益.

未来钢铁产品生产的主要原料将来自废钢,而废钢中有害残存元素的存在是影响废钢循环率提高的最主要因素.因此,未来废钢价值的大小将主要取决于废钢中有害残存元素的含量.

3. 在分析渣化法分离钢水中铜、锡等有价金属元素的选择性氧化原理以及对现有的 Fe-Cu,Fe-Sn 系的活度和活度系数进行归纳和综述的基础上,提出了渣化法熔渣体系选择的基本原则:一是要使铜、锡等元素在渣金间的分配比最低,以获得熔渣最大程度的纯净化;二是流动性能好、能够与金属液实现良好分离;三是要有较高的含铁品位、还原性能好,以有利于下一步的还原冶炼.

对废钢渣化过程中可能形成的 $FeO-Fe_2O_3-CaO$ 系、$FeO_n-CaO-SiO_2$ 系、$FeO-Fe_2O_3-MgO$ 系相图进行了论述.通过分析认为:渣化法获得的熔渣应以 Fe_2O_3、$1/2CaO \cdot Fe_2O_3$、$CaO \cdot Fe_2O_3$ 等形式存在的矿物为主,避免形成还原性差的 $2FeO \cdot SiO_2$、$CaO \cdot$

$FeO \cdot 2SiO_2$ 等矿物以及具有多种晶型的 $2CaO \cdot SiO_2$ 矿物. 富 FeO 熔渣密度较大,渣金界面张力小,加入 CaO 有利于降低熔渣密度和实现渣金良好分离.

4. 对废钢中最为常见且含量较高的有害残存元素铜、锡元素在富 FeO 熔渣中的氧化溶解行为进行了研究. 铜、锡元素在熔渣中的氧化溶解受反应温度、氧势和熔渣成分的影响. 对氧化铁熔渣中的铜、锡进行了 X 射线衍射分析,衍射结果表明:熔渣中的铜是以 Cu_2O 形式存在的,锡是以 SnO 状态存在的.

在 1 873 K 温度条件下,与金属铜溶液平衡的纯氧化铁熔渣中含铜量为 2.04%.熔渣中的铜含量随着熔渣中 CaO 含量的增加而逐渐减小.根据实验计算出 $\gamma CuO_{0.5}$,并得出 $\gamma CuO_{0.5}$ 与熔渣中 CaO 含量之间的关系:

$$\gamma CuO_{0.5} = 3.95 - 2.31 \exp(-(CaO\%)/16.63).$$

在 1 873 K 温度条件下,与金属锡溶液平衡的纯氧化铁熔渣中含锡量为 8.07%.锡在熔渣中的氧化溶解随着熔渣中 CaO 含量的增加而稍微有所下降,但幅度不大,其对锡的氧化溶解影响没有对铜的氧化溶解影响大,锡的氧化溶解更容易受到氧分压的影响.得出的 γSnO 与熔渣中 CaO 含量之间的关系为

$$\gamma SnO = 1.37 - 0.021(CaO\%).$$

5. 采用化学平衡法对铜锡元素在富 FeO 熔渣与金属液之间的分配规律进行了研究.研究结果表明:在 1 823～1 923 K 的温度范围内,得出的(Cu%)与温度之间的关系:

当[Cu]=10%时,(Cu%)=$-1.18+8\times10^{-4}T$;

当[Cu]=1.96%时,(Cu%)=$-0.75+5\times10^{-4}T$.

而在[Sn]= 0.71%时,温度对锡在渣金间分配的影响甚微.铜在渣金间的分配比随着温度的升高而升高,但温度对低浓度下的分配

比影响更大一些,而在高浓度时其影响变小,分配比的增势明显变缓.

根据渣金间的化学平衡研究了铜在富 FeO 熔渣与金属溶液之间的分配,当[Cu]<20%时,得出了熔渣中($CuO_{0.5}$%)与[Cu%]之间的关系为

$$(CuO_{0.5}\%)=\{0.069\,22\exp(-0.105\,5[Cu\%])+0.021\,6\}[Cu\%].$$

该式可以用于计算[Cu]含量小于 20%时,渣金平衡时熔渣中的(Cu)含量. 对于[Cu]>20%时,用下式表示则更为简单:

$$(Cu\%)=0.019\,24[Cu\%]+0.118\,04.$$

L_{Cu}与铜浓度之间的关系为

$$L_{Cu}=0.09\exp(-[Cu]/2.302\,41)+$$
$$0.112\,8\exp(-[Cu]/43.300)+0.018\,88.$$

富 FeO 熔渣的成分对铜在渣金间的分配比有重要影响,适量的 CaO 有利于降低铜在熔渣中的溶解. 在 Fe-Cu 溶液中同样铜含量的情况下,随着熔渣中氧化钙含量的增加,熔渣中(Cu)含量降低. CaO 的影响在 Fe-Cu 溶液中铜含量较低时相对较小,随着溶液中铜含量的升高,其影响逐渐变大,在纯铜溶液时为最大.

若以炼铁生产对矿石中铜含量必须小于 0.3%的要求为限,在获得满足炼铁生产需求的纯 FeO 熔渣的情况下,渣化法可以将铁溶液中的铜富集至 10%;当熔渣中 CaO 含量提高到 20%时,可以将铜富集至约 20%;而将 CaO 的含量提高到 40%时,则可以将铜富集至 26%左右. 此外在本研究条件下,熔渣中 SiO_2 含量的增加,会使熔渣中铜的溶解增大.

6. 在实验室感应炉冶炼的条件下,分别进行了在表面吹氧和在熔池液面下深吹氧两种方式的渣化实验研究.

研究表明:感应炉内的渣金反应没有达到平衡,实测值与计算的平衡值之间有一定差距,但反应结果偏离平衡值不远. 在金属液中铜含量较低时,反应结果较接近平衡值,而随着铜含量的增加,反应结

果与计算平衡值的偏离增大.

吹氧方式的不同对熔渣中的铜、锡含量是有影响的,在相同[Cu]含量条件下,深吹氧方式获得的富 FeO 熔渣中铜含量约比表面吹氧方式获得的熔渣约高 30%. 液面下深吹氧条件下铜元素在渣-金之间的分配比在 0.08~0.11 之间;而表面吹氧的渣金分配比约为 0.06~0.08. 对于锡来说,吹氧方式对其分配比的影响要更大一些,在[Sn]=1.5%条件下深吹氧时其分配比约为 0.099~0.114,而表面吹氧时仅为 0.047~0.067. 在以上几种情况下,适量增加渣中 CaO 的含量都可以降低铜、锡等元素在渣-金之间的分配比.

7. 利用光学显微镜、电子显微镜和电子探针等手段对实验中获得的熔渣进行了显微观察和微区的成分分析,采用 IAS-4 图像分析系统对熔渣中的金属相进行了定量的测量,并对熔渣中金属珠的粒度分布进行了统计.

在对与金属铜或锡平衡的熔渣的观察中发现,金属珠的颗粒尺寸分布范围较大. 分析结果表明:尽管小颗粒的金属珠在数目上占大多数,但其在质量上所占的比例却不大,如果将大颗粒的金属珠从熔渣中分离出来,则未被分离出来的小颗粒金属珠不会对分析结果有较大影响. 铜锡在熔渣中除了以氧化态形式存在外,还有可能以金属态的形式存在其中.

在对与 Fe-Cu 或 Fe-Sn 溶液平衡以及渣化过程中获得的熔渣的观察中发现,熔渣中有许多金属偏析点,且金属珠的尺寸要比上述情况中的金属珠的尺寸小. 能谱以及电子探针的分析结果表明:金属偏析点中的主要成分是铜或锡,其成分差别很大. 而且这样的金属偏析点似乎易于"吸收"Cu、Sn、Sb、Bi 等元素而聚集在一起,未发现其组成的分布规律. 文中所述结果可以看作是反映熔渣样品的特征,对于熔渣中的实际情况还存在着一些不确定性. 这种现象的定量描述尚未进行,这还需要更多的实验研究和大量的统计分析.

8. 从感应炉实验的结果来看,金属残液中的各种残存元素已经富集至较高的程度,而熔渣中的(Cu)<0.3%,低于炼铁过程对矿石

杂质含量的要求. 其他元素含量也很低,完全能够满足炼铁对杂质元素含量的要求. 若假设废钢溶液中的原始铜含量按 0.5% 计、原始锡的含量按 0.1% 计,则铁、铜元素的分离效率达到 87%,而铁、锡的元素分离效率在 94% 以上,其他元素的分离效率均在 90% 以上或更高一些. 根据对废钢溶液渣化过程的论述可以推测,若采用电弧炉对金属溶液进行渣化,使渣金间的氧化还原反应充分进行,则元素分离的效果还会更好一些.

在实验室感应炉冶炼的条件下实现了 Cu、Sn、As、Sb、Bi 等元素在钢水残液中的同时富集,并获得了可以满足炼铁要求的富 FeO 熔渣. 由此可见,相对于其他方法来说,渣化法分离废钢溶液中的金属元素,其工艺简单、分离效率高,多种有价金属元素可以同时被富集,这对于电子废品的再生利用和无害化处理具有十分重要的意义.

参 考 文 献

[1] 李健，顾培亮.论循环经济的制造业技术选择与保障措施[J].
现代财经，2001，21(4)：35-39

[2] 《上海发展循环经济研究》课题组.上海发展循环经济研究[J].
宏观经济研究，2001，8：3-6

[3] 李汝雄，王建基.循环经济是可持续发展的必由之路[J].环境
保护，2000，11：29-30

[4] 李树彬，王国华，王冠宝.金属循环工程[M].北京：中国标准
出版社，1997，8：3-6

[5] 胡延照.论上海经济、社会与环境的可持续发展[J].上海环境
科学，1996，(4)：1-3

[6] 褚大建.循环经济与上海可持续发展[J].上海环境科学，
1998，17(10)：1-4

[7] 国家环境保护总局.2000年全国环境保护相关产业状况公报
[J].环境保护，2002，1：8-11

[8] 徐匡迪.中国国民经济的发展与钢铁工业[J].中国冶金，
2003，12：3-9

[9] 单亦和.废钢作为可持续发展资源在钢铁工业中的应用[J].
钢铁，2001，36(10)：6-11

[10] 徐宗亮.我国废钢铁资源的预测及其再生产的展望[J].粉煤
灰综合利用，1997，3：41-44

[11] R. J. Fruehan. Scrap in iron and steel making. Iron and
steelmaker[J]. 1985，12(5)：36-42

[12] 李祥仪，李仲学.矿业经济学[M].北京：冶金工业出版社，

2001, 5: 171-185

[13] 岩瀨正則. 鉄スクラプ脱銅法[J]. 電気制鋼, 1995, 66(1): 21-26

[14] Nobuo Sano, Hiroyuki Katayama and Minoru Sasabe et al. Research activities on removal of residual elements from steel scrap in Japan[J]. Scandinavian journal of metallurgy, 1998, 27(1): 24-30

[15] L. Savov, D. Janke. Recycling of scrap in steelmaking in view of the tramp element problem[J]. Matall, 1998, 52(6): 374-383

[16] C. Marique. Scrap Recycling and Production of High Quality Steel Grades in Europe[J]. La Revue de Metallugie-CIT, 1996: 1377-1385

[17] Rob Boom, Rolf Steffen. Recycling of scrap for high quality steel products[J]. Steel research, 2001, 72(3): 91-96

[18] 刘麟瑞, 王丕珍. 冶金炉料手册[M]. 北京: 冶金工业出版社, 1996, 2: 13

[19] Paul Crompton. The diffusion of new steelmaking technology [J]. Resources Policy, 2001, 27: 87-95

[20] 戸井朗人, 佐藤純一. ロジットモデルを用いた素材のリサィクルシステムの評價[J]. 鉄と鋼, 1998, 84(7): 534-539

[21] 徐匡迪. 中国国民经济的发展与钢铁工业[C]. 2003 中国钢铁年会论文集, 2003, 10: 1-9

[22] 田乃缓, 徐安军. 直接还原铁(DRI)及其在电弧炉中的应用 [J]. 钢铁研究, 1997, 1: 51-57

[23] Frank N Griscom. The Fastmet Process Coal Based Direct Reduction for the EAF[J]. Steel Times, 1994, 12: 491-493

[24] P. Weber. CIRCOFER-A Low Cost Approach to DRI Production[J]. 1994 Ironmaking Conference Proceedings,

1994：491 - 498

[25] 杨守礼. 富氧煤气化直接还原竖炉新工艺研究[J]. 钢铁，
1995,30(5)：9 - 11

[26] 张喆君. 电炉用金属炉料与节能[J]. 特殊钢,1999,20(1)：
6 - 10

[27] 牟慧妍,周渝生. 适应现代优质钢材要求的铁资源及新工艺
技术[J]. 钢铁研究学报,1998,10(1)：71 - 73

[28] 田乃媛,徐安军. 直接还原铁(DRI)及其在电弧炉中的应用
[J]. 钢铁研究,1997,1：51 - 57

[29] David Trotter, David Varcoe, Adam Treverrow. 应用 HBI
优化炼钢工艺[J]. 2001 中国钢铁年会论文集,2001,10：
445 - 452

[30] W. Pirklbauer, R. Simm. 采用 COREX 设备生产低成本优
质钢[J]. 钢铁,1999,34(9)：26 - 28,41

[31] 诺曼 G. 布里斯. 电炉冶炼最佳废钢配料(译自电炉会议报告
集,1996)[J]. 上海冶金设计,1998,4：61 - 64

[32] 张华. 废钢铁资源与我国钢铁工业可持续发展来源[J]. 工业
经济,2002,8：23 - 26

[33] 卢和煜. 金属再生循环工程是可持续发展战略中的一个重要
项目[J]. 再生资源研究,1999,3：9 - 14

[34] 山本良一. 王天民译. 环境材料[M]. 北京：化学工业出版
社,2001,4：80 - 84

[35] J. E. Tilton. The future of recycling[J]. Resources Policy,
1999,25：197 - 204

[36] Julian Szekely. Steelmaking and industrial ecology—is steel a
green materials [J]. ISIJ International, 1996, 36 (1)：
121 - 132

[37] Peter Michaelis, Tim Jackson B. Material and energy flow
through the UK iron and steel sector. Part 1：1954~1994

[J]. Resources, Conservation and Recycling, 2000: 131 - 156

[38] L. 卡瓦纳. 钢铁工业技术开发指南[M]. 北京：科学技术出版社,2000,1：49 - 73

[39] 刘志峰，刘光复. 绿色设计[M]. 北京：机械工业出版社，1999，12：125

[40] 中华人民共和国国家标准. 废钢铁[S]. GB/T 4223 - 1996

[41] Schawwinbold D. Demands of materials technology on metallurgy for the improvement of the service properties of steels[C]. Process of the international conference on section metallurgy, Germany, 1987：3 - 18

[42] J. W. Morris, Jr. Z. Guo, C. R. Krenn, et al. The limits of strength and toughness in steel[J]. ISIJ International, 2001, 41(6)：599 - 611

[43] Pickering F. B. Physical metallurgy and the design of steel [M]. Appl Sci Pub. London. 1987

[44] Ljungstron L G. The influence of trace elements on the hot ductility of austenitic 17Cr13NiMo steel[J]. Scandinavian journal of metallurgy, 1977, 6

[45] W. T. Nachtrab, Y. T. Chou. High temperature ductility loss in carbon-manganese and niobium-treated steels[J]. Metallurgical Transactions A, 1986, 17A(6)：1995 - 2005

[46] J. C. Group, R. J. Matway. Residual elements in the stainless steels[C]. 1996 eletric furnace conference proceedings, 1996：497 - 501

[47] Yu Ping, Chen Weiqing, Chang Bo. Influence of residuals on hot ductility and longitudinal cracks of CC round billet[C]. 1998 eletric furnace conference proceedings, 1998：537 - 542

[48] E. T. Stephenson. Effect of recycling on residuals,

processing and properties of carbon and low alloy steels[J].
Metall. Trans. A, 1983, 14A(3): 343 - 353

[49] Toshihiko Emi, Olle Wijk. Residuals in steel products[C].
1996 steelmaking conference proceedings, 1996: 551 - 565

[50] H. Matsuoka, K. Osawa, et al. Influence of Cu and Sn on hot
ductility of steels with various C content[J]. ISIJ International,
1997, 37(3): 255 - 262

[51] T. Kajitani, M. Wakoh, N. Tokumitsu, et al. Infuence of
heating temperature and strain on surface crack in carbon
steel induced by residual copper[J]. Tetsu-to-Hagane, 1995,
81(3): 185 - 190

[52] Norio Imai, Nozomi Komatsubara, Kazutoshi Kunishige.
Effect of Cu, Sn and Ni on hot workability of hot-rolled mild
steel[J]. ISIJ International, 1997, 37(3): 217 - 223

[53] C. Houpert, V. Lanteri, J. M. Jolivet, et al. Influence of
tramp elements in the production of high quality steels using
the scrap/electric arc furnace route [J]. La revue de
metallurgie-CIT, 1997, 11: 1369 - 1384

[54] C. Marique. Tramp elements and steel properties: a process
state of the European project on scrap recycling[J]. La Revue
de Metallurgie-CIT, 1998, 4: 433 - 441

[55] Hans Jurgen Grabke, Ralph Mast, Andreas Ruck. Surface
and grain boundary segregation of antimony and tin—effects
on steel properties [C]. 1996 eletric furnace conference
proceedings, 1996: 465 - 475

[56] Vallomy J. A. Adverse effects of tramp elements on steel
processing and product[J]. Industrial Heating. 1985 (6):
34 - 38

[57] 王继尧, 高秀华, 赵秉军. 微量有害元素砷、锑对合金结构钢

疲劳性能影响的研究[J]. 材料科学与工艺，1993，1(4)：27-32

[58] 赵秉军，王继尧，杜云慧. 砷、锡、锑对 30CrMnSiA 钢回火脆性的影响[J]. 金属热处理学报，1995，16(1)：13-17

[59] 李宜增. 晶界脆化元素引发钢管表面裂纹分析[J]. 物理测试，1999，1：40-43

[60] Nobuo Sano，Hiroyuki Katayama，Minoru Sasabe，et al. Research activities on removal of residual elements from steel scrap in Japan[J]. Scandinavian journal of metallurgy，1998，27(1)：24-30

[61] 片山裕之，水上義正. 鉄のリサィクルプロセス[J]. まてりぁ，1996，35(12)：1283-1289

[62] L. Savov，D. Janke. Recycling of scrap in steelmaking in view of the tramp element problem[J]. Matall，1998，52(6)：374-383

[63] 李长荣，洪新. 汽车用钢铁材料的再生资源化和可持续发展[J]. 汽车技术，2002，6：29-31

[64] 李尹熙. 浅谈汽车材料回收利用[J]. 汽车工艺与材料，2001，2：20-23

[65] Toshihiko Emi，et al. Residual in steel products impacts properties and measures to minimize them[C]. 1996 Steelmaking Conference Proceedings，1996：551

[66] John A. Vallomy. Adverse effects of tramp elements on steel processing and product[J]. Industrial heating，1985，6：34-38

[67] 岩瀬正則. 鉄スクラップ脱銅法[J]. 電気制鋼，1995，66(1)：21-26

[68] 李长荣，唐建军，洪新，等. 废弃家电的环境危害及其黑色金属的再生资源化[J]. 环境污染与防治，2003，25(2)：109-

110,124

[69] 王子元. 电子废弃物调查[J]. 中国物资再生，1999（10）：29

[70] C. Marique. Scrap Recycling and Production of High Quality Steel Grades in Europe[J]. La Revue de Metallugie-CIT, 1996：1377－1385

[71] Rob Boom, Rolf Steffen. Recycling of scrap for high quality steel products[J]. Steel research, 2001, 72(3)：91－96

[72] Katsuhiko Noro. Necessity of scrap reclamation technologies and present conditions of technical development[J]. ISIJ International, 1997, 37(3)：198－206

[73] Julian Szekely. Steelmaking and industrial ecology—is steel a green materials[J]. ISIJ International, 1996, 36（1）：121－132

[74] Duckett E. J. Resource recovery and conservation. 1976/1977, 2：301

[75] 戸井朗人，佐藤純一. 加根魯和宏[J]. 鉄と鋼, 1997, 83(12)：850

[76] 戸井朗人，佐藤純一. 鉄と鋼, 1997, 83(6)：61

[77] Keiji Kakudate, Yoshihiro Adachi, Toshio Suzuki. A quantitation macro model of steel scrap recycling considering copper contamination for the sustainable society[J]. Tetsu-to-Hagane, 2000, 86(12)：837－843

[78] Peter Michaelis, Tim Jackson B. Material and energy flow through the UK iron and steel sector. Part 1：1954～1994 [J]. Resources, Conservation and Recycling, 2000, 29：131－156

[79] Peter Michaelis, Tim Jackson. Material and energy flow through the UK iron and steel sector Part 2：1994～2019[J]. Resources, Conservation and Recycling, 2000, 29：209－230

［80］ 角館慶治，柴田浩司，足立芳寛，等．循環型社會に向けた鉄スクラップリサィクル制約要因の解析［J］．CAMP－ISIJ，2002，15：910

［81］ 任玉珑，蒲勇健，王瑜．废钢价值核算模型研究［J］．重庆大学学报（自然科学版），1995，18（2）：116－121

［82］ Stuart Millman. Quality steel from the EAF［C］. 1999 eletric furnace conference proceedings，1999：16－21

［83］ S. L. Wigman, M. D. Millet. Demands on refining processes in thin slab casting［J］. Scanninject Ⅶ,1992

［84］ J. K. Brimacombe, I. V. Samarazekera. The challenges of thin slab casting. Near net shape casting in minimills［J］. CIM, 1995：33－53

［85］ 中国金属学会访美代表团．美国短流程薄板坯连铸钢厂近况［J］．中国冶金，2002，3：36－39

［86］ Jean-Pierre Birat. A future study analysis of the technological evolution of the EAF by 2000［C］. 1999 electrical furnace conference proceedings，1999：41－54

［87］ 刘蘅，王中丙．电炉炼钢的原料发展趋势［J］．冶金丛刊，1998，3：10－15

［88］ Stuart Millman. Quality steel from the EAF［C］. 1999 eletric furnace conference proceedings，1999：16－23

［89］ 柴毅忠．竖式电炉使用直接还原铁的生产实践［C］. 2001 中国钢铁年会论文集，北京：冶金工业出版社，2001，10：473－476

［90］ 柴田清,早稻田嘉夫．金屬リサィクルにぉける スクラップ中不純物除去プロセスに関する評價モデル［J］．日本金屬學會誌，1999，63（3）：289－297

［91］ 山本良一．王天民译．环境材料［M］．北京：化学工业出版社，2001，4

［92］ B. Clemens. Changing environmental strategies over time：
an empirical study of the steel industry in the United States
［J］. Journal of environmental management，2001，62：
221－231

［93］ 卢和煜. 金属再生循环工程是可持续发展战略中的一个重要
项目[J]. 再生资源研究，1999，3：9－14

［94］ 余宗森，袁泽喜，李士琦，等. 钢的成分、残留元素及其性能
的定量关系[J]. 北京：冶金工业出版社，2001,8：98－228

［95］ Shunli Zhang，Eric Forssberg. Intelligent liberation and
classification of electronic scrap[J]. Powder Technology，
1999，105：295－301

［96］ A. W. Cramb，R. J. Fruhan. A new low temperature
process for copper removal from ferrous scrap[J]. Iron &
steelmaker，1991，18(11)：61－68

［97］ C. Wang，T. Nagasaka，M. Hino，et al. Copper
distribution between molten FeS-Na$_2$S flux and carbon
saturated liquid iron[J]. ISIJ international，1991，31(11)：
1300－1308

［98］ C. Wang，T. Nagasaka，M. Hino，et al. Copper distribution
between FeS-Alkaline or Alkaline earth metal sulfide fluxes
and carbon saturated iron melt[J]. ISIJ international，1991，
31(11)：1309－1315

［99］ 李联生，项长祥，李建强，等. 气体搅拌对硫化物熔渣废钢
脱铜的影响[J]. 北京科技大学学报，1998，20(3)：243－246

［100］ M. Iwase，et al. Removal of copper from solid ferrous scrap
by using molten aluminum[C]. Electric furnace conference
proceedings. 1991 (11)：113

［101］ A. D Hartman，et al. Copper removal from solid ferrous
scrap by a solid/gas reaction[J]. Iron and steel maker，1994

(5)：59 - 62

[102] 肖玉光，阎立懿，张光德. 废钢中有害元素的去除技术[J].
钢铁研究，2001 (4)：1 - 4

[103] 张光德，阎立懿，等. 氧化气氛下铜的氯化机理研究[J]. 钢
铁研究，2000 (2)：25

[104] 张光德，阎立懿. 气-固反应去除废钢中铜的热力学分析[J].
化工冶金，2000，21(1)：64 - 67

[105] 松丸，等. 盐素-酸素混合がス にすゐ鉄クゥッかの銅の选
择除去[J]. 鉄と鋼，1996，82(10)：799

[106] K. Ono, E. Ichise, R. Suzuki, et al. Elimination of copper
from the molten steel by NH₃ blowing under reduced
pressure[J]. Steel research, 1995, 66(9)：372 - 376

[107] T. Hidani, K. Takemura, R. Suzuki, et al. Elimination of
copper from molten steel by ammonia gas blowing[J].
Tetsu-to-Hagane, 1996, 82(2)：135 - 140

[108] 李联生，王福明，项长祥，等. 钢液气化脱铜[J]. 北京科技大
学学报，1999，21(2)：161 - 162

[109] Katsatoshi Ohi, Eiji Ichise, Ryosuke O Susuki, et al.
Elimination of copper from the molten steel by NH₃ blowing
under reduced pressure [J]. Steel reseach, 1995, 66
(9)：372

[110] Esimai C N. Removal of copper and tin from ferrous alloys
by addition of silicon [J]. Scandinavian Journal of
Metallurgy, 1987, 16：267

[111] Minoru Sasabe, Eishi Harada, Satoshi Yamashita. Removal
of copper from carbon saturated molten iron by using FeCl₂
[J]. Tetsu-to-Hagane, 1996, 82(2)：31

[112] Toru Maruyama, Hiroshi G Katayama, Tadashi Momono,
et al. Evaporation reta of copper from molten iron by Urea

spraying under reduced pressure[J]. Tetsu-to-Hagane, 1998, 84(4): 243

[113] O. Winkler, R. Bakish. 康显澄，等译. 真空冶金学[M]. 上海：上海科学技术出版社,1982,11: 49

[114] 章锦芝. 有害元素在真空冶炼过程中的行为[J]. 五钢科技, 1994, 5: 7-11

[115] T. Matsuo. Removal of copper and tin in the molten steel with plasma flame[J]. Tetsu-to-Hagane, 1989, 75(1): 82-88

[116] A. Jungreithmeier, A. Viertauer, H. Preblinger. Behavior of trace and companion elements of ULC-IF steel grades during RH treatment[C]. 1996 steelmaking conference proceedings, 1996: 567-581

[117] Luben Savov, Dieter Janke. Evaporation of Cu and Sn from induction-stirred iron-based melts treated at reduced pressure[J]. ISIJ international, 2000, 40(2): 95-104

[118] Rob Boom, Rolf Steffen. Recycling of scrap for high quality steel products[J]. Steel research, 2001, 72(3): 91-96

[119] Hideki Ono-nakazato, Kenji Taguchi, Tateo Usui. Estimation of the evaporation rate of copper and tin from molten iron-silicon alloy[J]. ISIJ international, 2003, 43(7): 1105-1107

[120] 松尾亨. プラズマフレームにょゐ溶鉄の脱銅,脱すず[J]. 鉄と鋼,1989,75(1): 82-88

[121] Takayuki NISHI, Shin FUKAGAWA, Kaoru SHINME, et al. Removal of copper and tin in molten iron with combination of plasma heating · and powder blowing decarburization under reduced pressure[J]. ISIJ International, 1999, 39(9): 905-912

[122] Katsunori Yamaguchi, Yoichi Takeda. Impurity removal from carbon saturated liquid iron using lead solvent[J]. Materials Transaction, 2003, 44(12): 2452 - 2455

[123] H. Bode, H. J. Engell, K. Schwerdtfeger. Stahl und Eisen[J]. 1983, 103: 211

[124] H. J. Engell, M. Koehler, H. J. Fleischer, et al. Stahl und Eisen[J]. 1984, 104: 443

[125] K. Kitamura, T. Takenouchi, Y. Iwanami. Removal of impurities from molten steel by CaC_2[J]. Tetsu-to-Hagane, 1985, 71(2): 220 - 227

[126] T. K. Mcfarlane, C. A. Pickles. Steelmaking conference proceedings[C]. 1993, 76: 87

[127] Naidich JUV. Wettability of solids by liquid metals[J]. Progress in surface and membrane science, 1981, 14: 387

[128] Chidambaram P R., Edwards G R., Olson D L. A thermodynamic criterion to predict wettability at metal-alumina interfaces[J]. Metallurgical Transactions B, 1992, (4): 215 - 222

[129] Eustathopoulous N., Chatain D., Coudurler L.. Wetting and interfacial chemistry in liquid metal-ceramic systems [J]. Metals science and engineering A, 1991, 35: 83 - 88

[130] Li J G. Role of electron density of liquid metals and band gap energy of solid ceramic on the work of adhesion and wettability of metal ceramic systems[J]. J. Mater. Sci. Letter, 1992 (11): 903 - 905

[131] Chidam P R, Baram, Edward G R, et al. A thermodynamic criterion to predict wettability at metal-alumina interfaces [J]. Metallurgical Transactions B, 1992 (11): 21

[132] 李素芹, 于秉杰, 李士琦,等. 熔体过滤法钢液脱铜技术探索

[J]. 化工冶金，2000，21(3)：314 - 317

[133]   云南锡业公司，昆明工学院《锡冶金》编写组. 锡冶金[M].
         北京：冶金工业出版社，1977：11

[134]   Tamas Kekesi, Tamas I. Torok, Gabor Kabelik.
         Extraction of tin from scrap by chemical and electrochemical
         methods in alkaline media[J]. Hydrometallurgy, 2000, 55：
         213 - 222

[135]   P. J. Xoros, F. J. Dudek, D. A. Hellickson. 回收镀锌废
         钢[J]. Steel technology international，1995/1996：127 - 133
         (国外钢铁，1996，6：28 - 32)

[136]   B. Zhao. PhD Thesis[D]. Columbia University, 1995

[137]   徐匡迪，蒋国昌，洪新，等. 从废钢冶炼纯净钢新流程的讨
         论[J]. 金属学报，2001,4：395 - 399

[138]   萬谷志郎. 李宏译. 钢铁冶炼[M]. 北京：冶金工业出版社，
         2001,11：248 - 265

[139]   Yoichi Takeda, Akira Yazawa, Po Po Chit, et al. Equilibria
         between liquid tin and FeO_x-CaO-SiO$_2$ slag[J]. Materials
         transactions, JIM, 1990, 31(9)：793 - 801

[140]   梁英教，车荫昌. 无机物热力学数据手册[M]. 沈阳：东北
         大学出版社，1993：8

[141]   李文超. 冶金与材料物理化学[M]. 北京：冶金工业出版社，
         2001：10

[142]   Akira Yazawa, Yoichi Takeda, Yoshio Waseda.
         Thermodynamic properties and structure of ferrite slags and
         their process implications [J]. Canadian metallurgical
         quarterly, 1981, 20(2)：129 - 134

[143]   失泽彬，江口元德. 连续吹炼铜炉渣的平衡研究[C]. 国外连
         续炼铜文集(冶金工业部矿冶研究总院技术情报室编译)，北
         京：冶金工业出版社，1981,2：62 - 79

[144] Akira Yazawa, Yoichi Takeda. Equilibrium relations between liquid copper and calcium ferrite slag [J]. Transaction of the Japan Institute of Metals, 1982, 23(6): 328 - 333

[145] 日野順三, 板亘乙未生, 矢澤彬. $CaO - FeO_n - Cu_2O$ 系および $CaO - FeO_n - Cu_2O - SiO_2$ 系の1 200〜1 300 ℃における相関係[J]. 資源・素材學會誌,1989,105(4): 315 - 320

[146] Yoichi Takeda. Miscibility gap in the $CaO - SiO_2 - Cu_2O - Fe_3O_4$ system under copper saturation and distribution of impurities[J]. Materials transactions, JIM, 1993, 34(10): 937 - 945

[147] S. R. Peddada, D. R. Gaskell. The activity of $CuO_{0.5}$ along the air isobars in the systems $Cu - O - SiO_2$ and $Cu - O - Ca$ at 1 300 ℃[J]. Metallurgical transactions B, 1993, 24B (1): 59 - 62

[148] Y. Dessureault. Ecole Polytechnique de Montreal [D]. Montreal, 1993.

[149] Hang Goo Kim, H. Y. Sohn. Effects of CaO, Al_2O_3 and MgO additions on the copper solubility, ferric/ferrous ratio, and minor-element behavior of iron-silicate slags[J]. Metallurgical and materials transactions B, 1998, 29B(3): 583 - 590

[150] Sergei A. Degterov, Arthur D. Pelton. A thermodynamic database for copper smelting and converting [J]. Metallurgical and materials transactions B, 1999, 30B (4): 661 - 669

[151] Yoichi Takeda. Phase diagram of $CaO - FeO - Cu_2O$ slag under copper saturation [C]. Yazawa international symposium: Materials processing fundamentals and new

technologies, 2003, 1: 211 - 225

[152] Fumito Tanaka, Osamu Iida, Yoichi Takeda. Thermodynamic fundamentals of calcium ferrite slag and their application to Mitsubishi continuous copper converter [C]. Yazawa international symposium: High-temperature metal production, 2003, 2: 495 - 508

[153] 虞觉奇, 易文质, 陈邦迪, 等. 二元合金状态图集[M]. 上海: 上海科技出版社, 1987, 10: 334

[154] R. D. 佩尔克, 等. 邵象华, 等译. 氧气顶吹转炉炼钢(上册)[M]. 北京: 冶金工业出版社, 1980, 5: 120

[155] 云南锡业公司, 昆明工学院《锡冶金》编写组. 锡冶金[M]. 北京: 冶金工业出版社, 1977, 11: 75

[156] Shinya Nunoue, Eiichi Kato. Mass spectrometric determination of the miscibility gap in the liquid Fe - Sn system and the activities of this system at 1 550 ℃ and 1 600 ℃[J]. Tetsu-To-Hagane, 1987, 73 (7): 868 - 875

[157] 黄希祜. 钢铁冶金原理[M]. 北京: 冶金工业出版社, 2002: 1

[158] 李文超. 冶金与材料物理化学[M]. 北京: 冶金工业出版社, 2001: 10

[159] 刘纯鹏. 铜冶金物理化学[M]. 上海: 上海科学技术出版社, 1990, 5: 625 - 629

[160] F. 奥特斯. 钢冶金学[M]. 北京: 冶金工业出版社, 1997: 6

[161] 曲英. 炼钢学原理[M]. 北京: 冶金工业出版社, 1983, 8: 116

[162] S. Hara, H. Yamamoto, S. Tateishi, et al. Surface tension of melts in the $FeO - Fe_2O_3 - CaO$ and $FeO - Fe_2O_3 - 2CaO \cdot SiO_2$ system under air and CO_2 atmosphere[J]. Materials transactions, JIM, 1991, 32(9): 829 - 836

[163] Verein Deutscher Eisenhuttenleute. Viscosities of molten slags[M]. Slags Atlas(2nd edition)1951：355

[164] И. И. 包尔纳茨基. 宗联枝译. 炼钢过程的物理化学基础 [M]. 北京：冶金工业出版社, 1981, 5：89

[165] Toguri J. M. , Santander N. H.. The solubility of copper in fayalite slag at 1 300 ℃[J]. Canadian metallurgical quarterly, 1969, 8：168-171

[166] Akira Yazawa, Yoichi Takeda. Equilibrium relations between liquid copper and calcium ferrite slag [J]. Transaction of the Japan Institute of Metals, 1982, 23(6)：328-333

[167] 失泽彬, 江口元德. 连续吹炼铜炉渣的平衡研究[C]. 国外连续炼铜文集(冶金工业部矿冶研究总院技术情报室编译), 北京：冶金工业出版社, 1981, 2：62-79

[168] Hino M. , Yazawa A.. 炉渣中氧化铜的溶解平衡[C]. 1995 年铜国际会议论文集, 北京：冶金工业出版社, 1998, 2：408-419

[169] Yoichi Takeda, Akira Yazawa, Po Po Chit, et al. Equilibria between liquid tin and FeO_x-CaO-SiO$_2$ slag[J], Materials transactions, JIM, 1990, 31(9)：793-801

[170] Stuart J. Street, Ken S. Coley, Gordon A. Irons. Tin solubility in CaO-bearing slags[J]. Scandinavian journal of metallurgy, 2003, 30(6)：358-363

[171] R. D. 佩尔克, 等. 邵象华, 等译. 氧气顶吹转炉炼钢(上册)[M]. 北京：冶金工业出版社, 1980, 5：186

[172] Haruhiko Fujita, Yoshio Iritani, Shigeaki Maruhashi. Activities in the iron-oxide lime slags[J]. Tetsu-to-Hagane, 1968, 54(4)：99-110

[173] Yoichi Takeda. Phase diagram of $CaO-FeO-Cu_2O$ slag

under copper saturation ［C］. Yazawa international symposium: Materials processing fundamentals and new technologies, 2003, 1: 211 - 225

[174] Akira Yazawa, Yoichi Takeda. Equilibrium relations between liquid copper and calcium ferrite slag ［J］. Transaction of the Japan Institute of Metals, 1982, 23(6): 328 - 333

[175] Sergei A. Degterov, Arthur D. Pelton. A thermodynamic database for copper smelting and converting ［J］. Metallurgical and materials transactions B, 1999, 30B (4): 661 - 669

[176] S. Hara, H. Yamamoto, S. Tateishi, et al. Surface tension of melts in the FeO - Fe$_2$O$_3$ - CaO and FeO - Fe$_2$O$_3$ - 2CaO · SiO$_2$ system under air and CO$_2$ atmosphere［J］. Materials transactions, JIM, 1991, 32(9): 829 - 836

[177] J. Elliott, M. Gleisen. Thermochemistry for steelmaking ［M］. Addison-wesley Publishing Company, 1963, 2: 464

[178] Hang Goo Kim, H. Y. Sohn. Effects of CaO, Al$_2$O$_3$ and MgO additions on the copper solubility, Ferric/Ferrous ratio and minor-element behavior of iron-silicate slags［J］. Metallurgical and materials transsactios B, 1998, 29B (3): 583 - 590

[179] E. T. 特克道根. 魏季和, 付杰译. 高温工艺物理化学［M］. 北京：冶金工业出版社, 1988, 2: 163

[180] 魏寿昆. 冶金过程热力学［M］. 上海：上海科学技术出版社, 1980, 10: 196

[181] 任怀亮. 金相实验技术［M］. 北京：冶金工业出版社, 1986, 5: 157 - 158

[182] R. G. Reddy, V. L. Prabhu, D. Mantha. Kinetics of

reduction of copper oxide from liquid slag using carbon[J]. High temperature materials and processes，2003，22（1）：25－33

[183] Yoichi Takeda. Phase diagram of CaO - FeO - Cu₂O slag under copper saturation ［C］. Yazawa international symposium：Materials processing fundamentals and new technologies，2003，1：211－225

[184] Onuralp Yucel，Filiz Cinar Sahin，Bulent Sirin，et al. A reduction study of copper slag in a DC arc furnace[J]. Scandinavian journal of metallurgy，1999，28(2)：93－99

[185] 失泽彬，江口元德. 连续吹炼铜炉渣的平衡研究[C]. 国外连续炼铜文集（冶金工业部矿冶研究总院技术情报室编译），北京：冶金工业出版社，1981,2：62－79

[186] Toguri J. M.，Santander N. H.. The solubility of copper in fayalite slag at 1 300 ℃[J]. Canadian metallurgical quarterly，1969，8：168－171

[187] S. R. Peddada, D. R. Gaskell. The activity of CuO₀.₅ along the air isobars in the systems Cu - O - SiO₂ and Cu - O - Ca at 1 300 ℃［J］. Metallurgical transactions B，1993，24B（1）：59－62

[188] Yoichi Takeda，Akira Yazawa, Po Po Chit，et al. Equilibria between liquid tin and FeOₓ - CaO - SiO₂ slag[J]. Materials transactions，JIM，1990，31(9)：793－801

[189] O. Winkler, R. Bakish. 康显澄，等译. 真空冶金学[M]. 上海：上海科学技术出版社，1982,11：136－139

[190] 曲英主. 炼钢学原理[M]. 北京：冶金工业出版社，1983，8：146－149

[191] Emi T，Boorstein W M，Pehlke R D. Absorption of gaseous oxygen by liquid iron［J］. Metall. Trans. 1974 （5）：

1959 - 1974

[192] Radzilowski R H，Pehlke R D．Gaseous oxygen absorption by molten iron and some Fe‐Al，Fe‐Si，Fe‐Ti，and Fe‐V alloys[J]．Metall．Trans．，1979(10B)：341 - 347

[193] F. 奥特斯. 倪瑞明，等译. 钢冶金学[M]. 北京：冶金工业出版社，1997，6：211

[194] Hoon Dong SHIN，Dong Joon MIN，Hyo Seok SONG. Influence of copper on decarburization kinetics of stainless steel melt at high temperatures [J]．ISIJ international，2002，42(8)：809 - 815

[195] 余宗森，袁泽喜，李士琦，等. 钢的成分、残留元素及其性能的定量关系[M]. 北京：冶金工业出版社，2001，8：149 - 150

[196] R. D. 佩尔克，等. 邵象华，等译. 氧气顶吹转炉炼钢(上册)[M]. 北京：冶金工业出版社，1980，5：378 - 381

[197] F. 奥特斯. 倪瑞明，等译. 钢冶金学[M]. 北京：冶金工业出版社，1997，6：403 - 405

[198] C. Acuna，J. Zaniga. 使用石灰溶剂吹炼高品位铜锍的试验研究[M]. 1995 年铜国际会议论文集，北京：冶金工业出版社，1998，2：335 - 347

[199] S. Jahanshahi，M. Somerville，R. G. Hollis. 在赛罗反应器中直接吹炼铜精矿的试验研究[M]. 1995 年铜国际会议论文集，北京：冶金工业出版社，1998，2：313 - 328

[200] Heikki Jalkanen，Jouni Vehvilainen，Jaakko Poijarvi. Copper in solidified copper smelter slags[J]．Scadinavian Journal of Metallurgy，2003，32(1)：65 - 70

主 要 符 号 表

a 活度

a_H 摩尔分数表示的亨利活度

a_R 拉乌尔活度

A 面积或界面积

f 质量 1% 溶液为标准态的活度系数

$\Delta_f G^0$ 标准吉布斯自由能，$J \cdot mol^{-1}$

$\Delta_r G^0$ 化学反应标准吉布斯自由能变化，$J \cdot mol^{-1}$

ΔG 体系化学反应吉布斯自由能变化，$J \cdot mol^{-1}$

$\Delta_{sol} G^0$ 标准溶解吉布斯自由能，$J \cdot mol^{-1}$

K 化学反应平衡常数，温度

L_X 元素在渣-金间的分配比

M_r 相对分子(原子)重量

M_{MeO} 氧化物分子量

p 蒸气压，Pa

R 摩尔气体常数，$8.314\ J \cdot K^{-1} \cdot mol^{-1}$

T 热力学温度，K

V 体积

x_i 组元 i 的摩尔分数

γ 拉乌尔活度系数

ε_i^j 纯物质标准态时，j 对 i 的活度相互作用系数

e_i^j 1% 标准态时，j 对 i 的活度相互作用系数

β_M, β_{MO} 元素 M 在金属液及其氧化物 MO 在熔渣中的传质系数

ρ 物质的密度

上、下标变量符号与名称

0   标准态

g   气态

l   液态

m   摩尔

r   反应

s   固态

[ ]   在液态金属中

( )   在液态熔渣中

致　　谢

　　本论文是在蒋国昌教授和洪新教授的精心指导下完成的,从课题的选择、研究工作的开展和论文的撰写,自始至终得到了两位导师的关心帮助和精心指导.两位教授严谨治学的工作作风,求真求实求新的科研态度,敏锐的科学洞察能力以及对科学与教育事业的无私奉献精神,给我留下了深刻的印象.两位教授渊博的学识、正直的人品和高尚的师德是我今后工作学习的榜样.

　　自开展课题研究以来,洪老师对我的研究工作给予了悉心的指导和无微不至的关怀.无论是实验方案的设计制定,还是实验设备的购置、安装和调试,洪老师都亲自参加和具体指导.每当研究工作遇到困难的时候,洪老师总是给予我帮助和鼓励,而当研究工作进展缓慢的时候,也是洪老师的坦诚和宽容使我能够静下心来寻找工作的方向,同时也使我明白了科学研究不仅仅需要热情,更需要的是持之以恒的执着.洪老师淡泊名利、潜心科研、不畏艰难的工作态度,让我终生难忘.跟随两位导师求学的四年,无论是在学术上,还是在思想上,都让我受益匪浅.

　　值此论文完成之际,谨向两位导师表示我由衷的感谢和敬意!

　　感谢杨森龙工程师,董卫麟工程师在实验工作中给予的大力帮助!

　　感谢尤静林副教授在化学分析中的工作和提供的帮助!

　　感谢徐建伦教授,郑少波副教授对研究工作的指点和帮助!

　　感谢与我同在一个课题组求学的师兄弟!

　　感谢所有关心我、帮助我、支持我的朋友!

　　特别感谢我的家人对我的理解和支持!